# 인공 인간

인공지능 그리고 마음의 미래

ARTIFICIAL YOU: AI AND THE FUTURE OF YOUR MIND
by Susan Schneider

| 한국외대 디지털인문한국학연구소 연구총서 10 |

# 인공 인간

## 인공지능 그리고 마음의 미래

수잔 슈나이더Susan Schneider 지음
이해윤·김성묵 옮김

Artificial You
AI and the Future of Your Mind

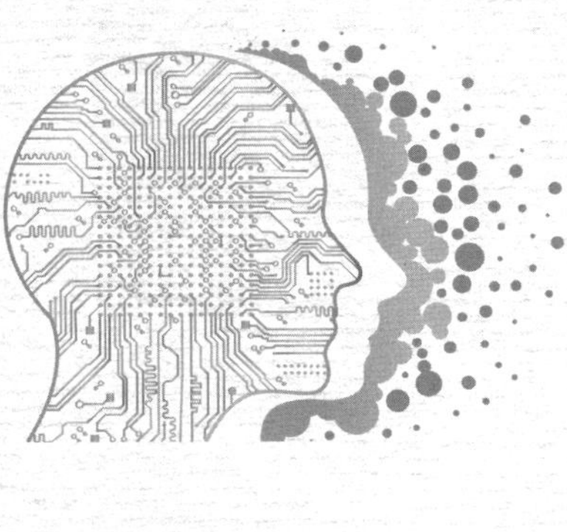

한울
아카데미

# 차례

# 서문

2045년입니다. 오늘 여러분은 쇼핑을 나섰습니다. 첫 번째 목적지는 마인드 디자인 센터the Center for Mind Design입니다. 안으로 들어서자 커다란 메뉴판이 눈앞에 펼쳐집니다. 재미있는 이름의 두뇌 강화 기능들이 나열되어 있습니다. "하이브 마인드Hive Mind"는 사랑하는 사람의 가장 깊은 생각을 경험할 수 있는 두뇌 칩입니다. "참선 정원Zen Garden"은 깊은 명상 상태를 위한 마이크로칩입니다. "인간 계산기Human Calculator"는 전문가 수준의 수학 능력을 제공합니다. 여러분은 어떤 것을 선택하시겠습니까? 향상된 집중력? 모차르트 수준의 음악적 능력? 단일 능력의 강화 또는 여러 능력의 강화를 번들로 주문할 수 있습니다.

다음으로 안드로이드 상점을 방문합니다. 이제 집을 돌볼 새로운 안드로이드를 구입할 때입니다. 인공지능 마인드의 메뉴는 방대하고 다양합니다. 인간에게 부족한 지각 능력이나 감각을 가진 인공지능도 있고, 인터넷 전체를 포괄하는 데이터베이스를 가진 인공지능도 있습니다. 가족에게 맞는 옵션을 신중하게 선택하면 됩니다. 오늘은 마인드 디자인을 결정하는 날입니다.

이 책은 마음의 미래에 관한 책입니다. 우리 자신, 마음, 그리고 본성에 대한 이해가 미래를 크게 변화시킨다고 강조합니다. 우리의 뇌는 특정 환경에 맞게 진화했으며 해부학적, 진화적 제약을 받습니다. 하지만 인공지능AI: Artificial Intelligence은 거대한 디자인 공간을 열어주었으며, 새로운 재료와 작동 방식 그리고 생물학적 진화보다 훨씬 빠른 속도로 공간을 탐색하는 혁신적인 방법들을 제공합니다. 저는 이 흥미진진한 새로운 사업을 '마인드 디자인mind design'이라고 부릅니다. 마인드 디자인은 지능적 디자인의 한 형태이지만, 신이 아닌 우리 인간이 설계자입니다.

우리는 유감스럽게도 크게 진화하지 않았기 때문에, 마인드 디자인의 전망을 변변치 않게 생각합니다. 칼 세이건Carl Sagan의 영화 〈콘택트Contact〉에서 외계인이 인간을 처음 만났을 때 했던 말처럼, "당신은 흥미로운 종족입니다. 흥미로운 조합이네요. 아름다운 꿈을 꾸기도 하고 끔찍한 악몽을 꾸기도 하네요."[1] 우리는 달 표면을 걷고 원자의 에너지를 활용하지만, 인종 차별, 탐욕, 폭력은 여전히 흔한 일입니다. 우리의 사회 발전은 기술력에 비해 뒤처져 있습니다.

철학자로서 말하자면, 우리는 마음의 본질에 대해 완전히 혼란스러워합니다. 하지만 이 책의 두 가지 중심 주제를 살펴보면 알 수 있듯이 철학의 문제를 이해하지 못하는 데는 대가가 따릅니다.

첫 번째 핵심 주제는 여러분에게 매우 익숙한 것입니다. 그것은 여러분의 삶 전체에 걸쳐 존재해온 의식입니다. 이 글을 읽는 동안 당신은 자신인 무언가를 느낀다는 사실에 주목하세요. 여러분은 신체적 감각을 느끼고 있고, 페이지에 있는 단어들을 보고 있습니다. 의식은 정신생활에 대해 체감한 질입니다. 의식이 없다면 고통이나 괴로움도 없고, 기쁨도 없고, 불타는 호기심도 없고, 슬픔의 고통도 없을 것입니다. 경험도 긍정적이든 부정적이든 존재하지 않을 것입니다.

의식이 있는 존재로서 휴가, 숲속 하이킹 또는 멋진 식사를 갈망하는 것은 당연한 일입니다. 의식은 매우 즉각적이고 친숙하기 때문에 주로 자신의 사례를 통해 의식을 이해하는 것은 당연합니다. 그리고 신경과학 교과서를 읽지 않아도 의식이란 어떤 느낌인지 이해할 수 있습니다. 의식은 본질적으로 이런 종류의 내면의 느낌입니다. 저는 이 느낌, 즉 내면의 경험이야말로 마음의 핵심적인 특징이라고 생각합니다.

이제 나쁜 소식이 있습니다. 이 책의 두 번째 핵심 주제는 인공지능이 함의하는 것을 철학적으로 사고하지 못하면 의식을 가진 존재가 번성하는 데 실패할 수 있다는 사실입니다. 조심하지 않으면 인공지능 기술은 삶을 더 편하게 만드는 것이 아니라 인류를 고통, 죽음, 다른 의식적 존재에게 착취당하는 상황으로 몰아갈 수도 있습니다.

이미 많은 사람들이 인류 번영에 대한 인공지능 기반의 위협에 대해 논의했습니다. 해커가 전력망을 마비시키는 일부터 영화 〈터미네이터The Terminator〉에서나 나올 법한 초지능적인 자율 무기까지 다양한 위협이 존재합니다. 이와는 대조적으로 제가 제기하는 문제는 주목을 덜 받고 있지만, 굉장히 중요한 문제라는 데는 변함이 없습니다. 제가 염려하는 시나리오는 크게 ① 의식 있는 기계의 생성 과정에서 인간이 간과하는 시나리오, 그리고 ② 가상의 마인드 디자인 센터의 강화 서비스와 같은 급진적인 뇌 강화와 관련된 시나리오입니다. 각 시나리오를 차례로 살펴보겠습니다.

## 의식이 있는 기계에 대한 물음

고도의 범용 인공지능AGI: artificial general intelligence을 개발한다고 가정해봅시다. 한 종류의 지적 작업에서 다음 작업으로 유연하게 전환할 수 있고, 추론 능력에 있어서 심지어 인간과 경쟁할 수 있는 인공지능 말입니다. 본질적으로 우리는 의식 있는 기계, 즉 하나의 자아이자 동시에 경험의 주체가 되는 기계를 만들게 될까요?

기계 의식을 만드는 방법이나 가능성에 관해서는 아직 알려진 바가 없습니다. 그러나 한 가지, 인공지능이 경험을 가질 수 있는지 여부는 우리가 인공지능의 가치를 평가할 때 핵심적인 근거가 될 것이라는 사실은 분명합니다. 의식은 인간 도덕 체계의 철학적 초석이며, 누군가 또는 무언가가 단순한 로봇이 아닌 인간 내지 자아인지 여부를 판단하는 데 중심이 됩니다. 인공지능이 의식이 있는 존재로 드러난다면, 우리에게 서비스를 제공하도록 강요하는 것은 노예제도와 비교될 것입니다. 의식이 있는 존재, 즉 강화되지 않은 인간에 필적하거나 심지어 그 이상의 정신 능력을 가진 존재가 안드로이드 상점에서 판매되고 있다면, 우리는 정말 마음이 편할까요?

제가 구글이나 페이스북의 인공지능 책임자라면 향후 프로젝트를 구상할 때 의도치 않게 의식 있는 시스템을 설계하는 윤리적 혼란을 겪고 싶지 않을 것입니다. 의식이 있는 것으로 밝혀진 시스템을 개발하면 인공지능의 노예화라는 비난과 다른 홍보의 악몽으로 이어질 수 있습니다. 심지어 특정 분야에서 인공지능 기술 사용이 금지될 수도 있습니다.

저는 이 모든 것이 인공지능 기업들로 하여금 '의식 엔지니어링consciousness engineering'에 참여하도록 할 수 있다고 생각합니다. 즉 특정 목적을 위한 의식 있는 인공지능의 구축을 피하는 반면에, 적절하다면 다른 상황을 위한 의식 있는 인공지능을 디자인하는 의도적인 공학적 노력을 기울이는 상황으로 이어질 것이라고 생각합니다. 물론 이 경우 우리는 의식이 어떠한 시스템에서든지 설계될 수 있다고 가정합니다. 의식은 지능형 시스템을 구축하는 과정에서 필연적인 부산물일 수도 있고, 아예 이 모든 것이 불가능할 수도 있습니다.

장기적으로는 전세가 인간에게 불리하게 돌아갈 수 있습니다. 문제는 우리가 인공지능을 해치는 것이 아니라 인공지능이 우리를 해치는 것일 수 있습니다. 실제로 일부에서는 합성지능이 지구상에서 지능 진화의 다음 단계가 될 것으로 예상하고 있습니다. 지금 우리가 세상을 살아가고 경험하는 방식은 인공지능으로 가는 중간 단계, 즉 진화 사다리의 한 단계에 불과하다는 입장입니다. 예를 들어 스티븐 호킹Stephen Hawking, 닉 보스트롬Nick Bostrom, 일론 머스크Elon Musk, 맥스 테그마크Max

Tegmark, 빌 게이츠Bill Gates 등 많은 사람들은 인공지능이 인간을 능가할 경우 인간이 자신이 만든 인공지능을 어떻게 제어할 수 있을지에 대한 "제어 문제"를 제기했습니다.[2] 우리가 인간 수준의 지능을 가진 인공지능을 만든다고 가정해 보겠습니다. 그 인공지능은 자기 개선 알고리즘과 빠른 계산을 통해 인간보다 훨씬 더 똑똑해질 수 있는 방법을 빠르게 발견할 수 있을 것입니다. 그렇게 초지능, 즉 모든 영역에서 인간을 능가하는 인공지능이 되는 것입니다. 초지능이기 때문에 우리가 통제하지 못하는 건 당연합니다. 이론적으로는 우리를 멸종시킬 수도 있습니다. 이런 식으로 합성 지능이 생명체의 지능을 대체할 수 있습니다. 또는 인간이 상당한 뇌 강화를 누적하여 인공지능과 통합되는 대안도 있습니다.

이 제어 문제가 닉 보스트롬의 최근 베스트셀러 『초지능: 경로, 위험 및 전략Superintelligence: Paths, Dangers and Strategies』에 힘입어 전 세계 뉴스를 장식했습니다.[3] 그러나 우리가 놓치고 있는 것은 인공지능이 '인간'을 평가하는 방식에서도 의식이 핵심이 될 수 있다는 가능성입니다. 초지능적인 인공지능은 자신의 주관적인 경험을 발판으로 삼아 인간의 의식적인 경험의 능력을 알아볼지도 모릅니다. 우리가 인간이 아닌 동물의 생명을 소중히 여기는 것은 의식을 가진 존재에 친밀감을 느끼기 때문이며, 따라서 우리 대부분은 침팬지를 죽일 때는 움찔하지만 오렌지를 먹을 때는 움찔하지 않는 것입니다. 만약 초지능적인 기계가 어떤 이유로든 의식을 갖지 못한다면, 우리는 곤경에 처할 수 있습니다.

이러한 문제를 우주 전체라는 더 큰 맥락에서 바라보는 것이 중요합니다. 저는 2년에 걸친 NASA 프로젝트에서 다른 행성에서도 비슷한 현상이 일어날 수 있으며, 우주의 다른 곳에서는 다른 종족이 합성 지능에 의해 멸종될 수 있다고 말했습니다. 다른 행성에서 생명체를 찾을 때 가장 수준이 높은 외계지능은 생물학적 문명에서 진화한 인공지능, 즉 '포스트생물학적postbiological' 지능일 수 있다는 점을 염두에 두어야 합니다. 이러한 인공지능이 생물학적 지능을 대체할 때 의식을 갖지 못하게 된다면, 우주에는 의식을 가진 존재들이 사라질 것입니다.

제가 주장하는 것처럼 인공지능 의식이 중요하다면, 우리는 인공지능 의식을 만들 수 있는지, 그리고 우리 지구인이 인공지능 의식을 만들었는지 알아야 합니다. 다음 장들에서는 인공 의식이 가능한지 여부를 판단하는 방법을 살펴보겠습니다. 제가 프린스턴의 고등 연구소IAS: Institute for Advanced Study에서 개발한 테스트를 살펴보며, 의식 여부를 결정하는 방식을 알아볼 것입니다.

이제 인간과 인공지능이 통합되어야 한다는 주장에 대해 고민해봅시다. 여러분이 마인드 디자인 센터에 있다고 가정해봅시다. 메뉴에서 어떤 두뇌 강화 기능을 주문하시겠습니까? 마인드 디자인 결정이 결코 간단한 문제가 아니라는 것을 알게 되었을 것입니다.

## 인공지능과의 병합 가능성

마이크로칩으로 두뇌를 증강시킨다는 아이디어가 전적으로 불안하게 느껴진다면, 저 또한 그렇습니다. 이 글을 쓰는 지금 이 순간에도 스마트폰의 프로그램은 나의 위치를 추적하고, 목소리를 듣고, 웹 검색 내역을 저장하고, 이러한 정보를 광고주에게 판매하고 있을 것입니다. 저는 이러한 기능을 끄고 있다고 생각하지만, 이러한 앱을 만드는 회사들이 그 과정을 너무 불투명하게 만들었기 때문에 확신할 수는 없습니다. 인공지능 회사가 지금도 우리의 프라이버시를 존중하지 않는데, 당신의 가장 사적인 생각이 마이크로칩에 암호화되어 인터넷으로 접근할 수 있게 될 경우 악용될 가능성을 생각해보세요.

하지만 인공지능 규제가 개선되어 해커와 기업의 탐욕으로부터 우리의 두뇌를 보호할 수 있다고 가정해봅시다. 그러면 주변 사람들이 기술의 혜택을 받는 것처럼 보이기 때문에, 여러분도 기술 발전의 매력을 느끼기 시작할 것입니다. 인공지능과의 융합이 초지능과 급격한 생명 연장으로 이어진다면, 뇌와 신체의 불가피한 퇴화라는 선택지보다는 낫지 않을까요?

인간이 인공지능과 통합되어야 한다는 생각은 매우 활발히 논의되고 있으며, 인간이 인공지능에 의해 노동력에서 도태되는 것을 피할 수 있는 수단이자 초지능과 불멸로 나아가는 길로 제시되고 있습니다. 예를 들어, 일론 머스크는 최근 "생물학적 지능과 기계 지능의 결합"을 통해 인간이 인공지능에 뒤처지는 것을 피할 수 있다고 말했습니다.[4] 이를 위해 그는 뉴럴링크Neuralink라는 새로운 회사를 설립했습니다. 뉴럴링크의 첫 번째 목표는 뇌와 컴퓨터를 직접 연결하는 신경 그물망인 "신경 레이스"를 개발하는 것입니다. 신경 레이스와 기타 인공지능 기반의 강화 장치들을 통해 뇌의 데이터를 디지털 장치나 대규모 컴퓨팅 성능을 사용할 수 있는 클라우드로 무선 전송할 수 있습니다.

그러나 일론 머스크의 동기는 마냥 이타적이 아닐 수도 있습니다. 그는 인공지능 분야 자체가 만들어낸 문제를 해결하기 위해 또 다른 인공지능 기반의 강화 장치들을 홍보하고 있습니다. 이런 장치들이 유익한 것으로 드러날 수도 있지만, 그 진실 여부를 확인하려면 과대 광고에 흔들리지 말아야 합니다. 정책 입안자, 대중, 심지어 인공지능 연구자 스스로도 무엇이 중요한지 더 잘 이해하려고 노력해야 합니다.

예를 들어, 인공지능이 의식을 가질 수 없다면, 의식을 담당하는 뇌 부위에 마이크로칩을 이식하는 순간 의식 있는 존재로서의 삶은 끝날 것입니다. 철학자들이 "좀비"라고 부르는, 이전 자아의 무의식적 복제물이 될 것입니다. 또한 마이크로칩이 사람을 좀비로 만들지 않고 의식을 담당하는 뇌의 일부를 대체할 수 있다고 해도 급격한 강화는 여전히 큰 위험 부담을 가지고 있습니다. 너무 많은 변화를 거친 후 남은 인간은 자신이 아닐 수도 있습니다. 강화된 인간은 자신도 모르게 그 과정에서 생을 마감할지도 모릅니다.

제 경험에 비추어 볼 때, 급격한 강화를 지지하는 많은 사람들은 강화된 존재가 자신이 아닐 수도 있다는 점을 인식하지 못합니다. 그들은 마음이 소프트웨어 프로그램이라는 개념에 동조하곤 합니다. 그들에 따르면, 당신은 뇌의 하드웨어를 급진적인 방식으로 강화시키지만 여전히 동일한 소프트웨어 프로그램을 실행시킬 수 있기 때문에, 당신의 마음이 여전히 존재합니다. 컴퓨터 파일을 업로드하고 다운로드할 수 있는 것처럼 마음도 하나의 프로그램이기에 클라우드에 업로드할 수 있습니다. 이것이 바로 기술 애호가들이 생각하는 불멸의 길, 즉 육체보다 더 오래 사는 마음의 새로운 "사후 세계"입니다. 하지만 기술적인 형태의 불멸은 매력적임에도 불구하고, 마음에 대한 이런 견해에는 심각한 결함이 있다는 것을 곧 알게 될 것입니다.

따라서 수십 년 후 마인드 디자인 센터에 가거나 안드로이드 매장을 방문했을 때, 구매하신 인공지능 기술이 깊은 철학적 이유로 인해 제 역할을 하지 못할 수도 있다는 점을 기억하세요. '구매자 주의책임'의 원칙입니다. 하지만 그 전에, 고도의 인공지능이 개발될 것이라는 확신도 없는데, 영원히 가설에 머물지도 모르는 문제를 고민하는 것 아니냐는 생각이 들 수 있습니다. 애초에 이런 일을 고민해야 하는지 의심이 드는 것이죠.

01

# 인공지능의 시대

우리가 매일 떠올리고 있지는 않아도, 인공지능은 주변에 항상 존재합니다. 구글에 무언가를 검색할 때 인공지능이 있습니다. 인공지능은 미국의 퀴즈쇼 챔피언 및 바둑 세계 챔피언을 이기고 있고, 점점 더 개선되고 있습니다. 하지만 스스로 지능적인 대화를 나누고, 다양한 주제에 대한 아이디어를 통합하며, 심지어 인간보다 더 뛰어난 생각을 할 수 있는 범용 인공지능은 아직 없습니다. 이런 종류의 인공지능은 〈그녀Her〉나 〈엑스 마키나Ex Machina〉 같은 영화에서 묘사되고, 공상과학 소설의 소재처럼 느껴질 수도 있습니다.

하지만 그렇게 멀지 않았다고 생각합니다. 인공지능의 발전은 시장 원리와 방위 산업에 의해 주도되고 있으며, 현재 수십억 달러가 스마트 가사 도우미, 로봇 슈퍼 솔저, 인간 두뇌의 작용을 모방한 슈퍼컴퓨터 제작에 투자되고 있습니다. 실제로 일본 정부는 노동력 부족을 예상하여 안드로이드가 노인을 돌보도록 하는 계획을 추진하고 있습니다.

현재의 빠른 발전 속도를 고려할 때, 인공지능은 향후 수십 년 내에 범용 인공지능으로 발전할 수 있습니다. 범용 인공지능은 인간의 지능처럼 다양한 주제 영역에서 얻은 통찰을 결합하고 유연성과 상식을 발휘할 수 있는 지능입니다. 실제로 인공지능은 향후 몇 년 내에 인간의 많은 직업들을 대체할 것으로 예상됩니다. 예를 들어, 최근 설문조사에 따르면, 가장 많이 인용되는 인공지능 연구자들은 2050년까지 50%의 확률로, 2070년까지 90%의 확률로 인공지능이 "대부분의 인간 직업을 적어도 일반적인 인간만큼 잘 수행할 것" 이라고 예측합니다.[1]

상식적인 추론과 사회적 기능을 포함해 모든 영역에서 가장 똑똑한 인간을 능가하는 합성 지능인 초지능적인 인공지능의 부상에 대해 많은 사람들이 경고하고 있다고 언급했습니다. 이들은 초지능이 우리를 파괴할 수 있다고 경고합니다. 이와는 대조적으로 현재 구글의 엔지니어링 책임자인 미래학자 레이 커즈와일Ray Kurzweil은 고령화, 질병, 빈곤, 자원 부족을 끝맺는 테크놀로지상의 유토피아를 묘사합니다. 커즈와일은 영화 〈그녀〉 속 프로그램인 사만다처럼 개인화된 인공지능 시스템과 우정을 쌓는 잠재적 이점에 대해 이야기하기도 했습니다.

## 특이점

커즈와일과 다른 트랜스휴머니스트들은 인공지능이 인간의 지능을 훨씬 능가하고 이전에는 해결할 수 없었던 문제를 해결할 수 있는 "기술상의 특이점technological singularity"에 빠르게 다가서고 있으며, 문명과 인간 본성에 예측할 수 없는 결과를 초래할 수 있다고 주장합니다.

특이점이라는 개념은 수학과 물리학, 특히 블랙홀의 개념에서 비롯되었습니다. 블랙홀은 공간과 시간에 존재하는 "특이점"으로, 일반적인 물리 법칙을 무너뜨립니다. 비유하자면, 기술상의 특이점은 문명에 비약적인 기술 성장과 엄청난 변화를 가져올 것으로 예상됩니다. 인류가 수천년 동안 유지해온 규칙이 갑자기 사라질 것입니다. 보장된 건 아무것도 없습니다.

하룻밤 사이에 세상이 바뀌는 완벽한 특이점으로 이어질 정도로 기술 혁신이 급격하게 이루어지지 않을 수도 있습니다. 하지만 이 점으로 인해 보다 중요한 다음의 요점을 간과해서는 안 됩니다. 즉, 21세기에 접어들면서 인간이 지구상에서 가장 지적인 존재가 아닐 수도 있다는 가능성을 인정해야 합니다. 지구상에서 가장 위대한 지능은 합성 지능이 될 것입니다.

사실, 우리는 이미 합성 지능이 우리를 능가할 이유를 알고 있다고 생각합니다. 지금도 마이크로칩은 뉴런보다 빠른 연산 매체입니다. 이 장을 쓰고 있는 지금 이 순간에도 세계에서 가장 빠른 컴퓨터는 테네시주 오크리지 국립 연구소Oak Ridge Laboratory에 있는 슈퍼컴퓨터 서밋Summit입니다. 서밋의 속도는 200페타플롭스로 초당 2천억 번의 계산을 수행합니다. 지구상의 모든 사람이 305일 동안 매일 매 순간 계산을 수행해야 하는 작업을 눈 깜짝할 사이에 처리할 수 있습니다.[2]

물론 속도가 전부는 아닙니다. 산술 계산이 아니라면, 인간의 두뇌가 서밋보다 훨씬 더 강력한 연산 능력을 갖추고 있습니다. 뇌는 38억 년(지구 생명체의 추정 나이)에 걸친 진화의 산물이며 패턴 인식, 속성 학습 및 기타 생존을 위한 실질적인 과제에 그 힘을 쏟아왔습니다. 개별 뉴런은 느릴 수 있지만, 대규모로 병렬 조직되어 있어 현대의 인공지능 시스템을 압도합니다. 그러나 인공지능은 개선의 여지가 무한합니다. 뇌를 역공학reverse engineering하여 그 알고리즘을 개선하거나 뇌의 작동을 기반으로 하지 않는 새로운 알고리즘을 고안함으로써, 슈퍼컴퓨터가 인간 뇌의 지능과 비견되거나 심지어 능가할 수 있는 시점이 머지않았습니다.

또한 인공지능은 한번에 여러 위치에 다운로드할 수 있고, 백업과 수정이 쉬우며, 행성 간 이동 등 생물학적 생명체가 견디기 힘든 조건에서도 생존할 수 있습니다. 인간의 두뇌는 아무리 강력해도 두개골의 부피와 신진대사에 의해 제한을 받는 반면, 인공지능은 인터넷을 통해 자신의 영역을 확장하고 은하계 내의 모든 물질을 계산에 활용하는 거대한 슈퍼컴퓨터인 "컴퓨트로늄computronium"을 구축할 수도 있습니다. 장기적인 관점에서 인간은 인공지능의 상대가 되지 못합니다. 인공지능이 우리보다 역량과 내구성이 더 뛰어납니다.

## 제트슨의 오류

그렇다고 해서 일각에서 우려하는 것처럼 인간이 인공지능에 대한 통제력을 잃고 멸종할 것이라는 의미는 아닙니다. 인공지능 기술로 인간의 지능을 향상시킨다면 인공지능을 따라잡을 수 있을지도 모릅니다. 인공지능이 단순히 더 나은 성능의 로봇과 슈퍼컴퓨터만을 위해 쓰이지는 않을 것이라는 점을 염두에 둡시다. 영화 〈스타워즈Star Wars〉와 만화 시리즈 〈제트슨The Jetsons〉에서 인간은 고도의 인공지능들에 둘러싸여 있으면서도 스스로는 강화되지 않은 채로 존재합니다. 역사학자 마이클 베스Michael Bess는 이를 '제트슨의 오류The Jetsons Fallacy'라고 불렀습니다.[3] 실제로 인공지능은 단순히 세상을 변화시키는 데 그치지 않을 것입니다. 우리를 변화시킬 것입니다. 신경

레이스, 인공 해마, 감정 장애를 치료하는 뇌 칩 등은 이미 개발 중인 마음을 변화시키는 기술의 일부에 불과합니다. 따라서 마인드 디자인 센터는 그렇게 현실과 동떨어진 이야기가 아닙니다. 오히려 현재의 기술 트렌드를 그럴듯하게 표현한 것입니다.

점점 인간의 뇌는 컴퓨터처럼 해킹할 수 있는 대상으로 간주되고 있습니다. 미국에서는 이미 정신 질환, 운동 장애, 뇌졸중, 치매, 자폐증 등을 치료하기 위한 뇌 이식 기술을 개발하는 많은 프로젝트가 진행 중입니다.[4] 오늘날의 의료 치료법은 필연적으로 미래에 강화 장치들이 나타나게 할 것입니다. 결국, 사람들은 더 똑똑해지고, 더 효율적으로 일하고, 세상을 즐길 수 있는 능력이 향상되기를 갈망합니다. 이를 위해 구글, 뉴럴링크, 커널Kernel과 같은 인공지능 기업들은 인간과 기계를 결합하는 방법을 개발하고 있습니다. 당신은 앞으로 수십 년 안에 사이보그가 될 수도 있습니다.

## 트랜스휴머니즘

이 연구는 새로운 것이지만, 그 기본 아이디어는 '트랜스휴머니즘transhumanism'으로 알려진 철학적, 문화적 운동의 형태로 훨씬 더 오래전부터 존재해왔다는 점을 강조할 만합니다. 줄

리안 헉슬리Julian Huxley는 1957년 "트랜스휴머니즘"이라는 용어를 만들었는데, 그는 가까운 미래에 "인류는 베이징 원인과 우리의 차이만큼이나 다른 종류의 존재가 되는 문턱에 서게 될 것"이라고 썼습니다.5

인류가 현재 비교적 초기 단계에 있으며, 기술의 발달로 인해 인류의 진화가 변화할 것이라고 트랜스휴머니즘은 주장합니다. 미래의 인간은 신체적, 정신적 측면에서 현재의 인간과는 상당히 다를 것이며, 공상과학 소설에 묘사된 특정 인물과 유사할 것입니다. 미래의 인간은 획기적으로 발전된 지능, 불멸에 가까운 생명력, 인공지능 생명체와의 깊은 우정, 선택적인 신체 특성 등을 갖게 될 것입니다. 트랜스휴머니스트들은 이러한 결과가 개인의 발전은 물론 인류 전체의 발전을 위해서도 매우 바람직하다고 믿습니다. (독자들이 트랜스휴머니즘에 대해 더 잘 알 수 있도록 부록에 트랜스휴머니스트 선언을 포함시켰습니다.)

공상과학 소설 같음에도 불구하고 트랜스휴머니즘이 묘사하는 많은 기술상의 발전은 상당히 가능해 보입니다. 실제로 이러한 극적인 변화의 시작 단계는 이미 존재하는 (일반적으로 사용 가능하지는 않더라도) 기술이나 관련 과학 분야의 전문가들이 현재 진행 중인 것으로 인정하는 특정 기술에 있을 수도 있습니다.6 예를 들어, 주요 트랜스휴머니스트 그룹인 옥스퍼드 대학교의 '인류의 미래 연구소Future of Humanity Institute'는 기계에 마음을 업로드하기 위한 기술적 요구 사항에 대한 보고서를 발표했습니다.[7] 미국 국방부가 자금을 지원한 프로그램인 '사이냅스SyNAPSE'는 뇌의 형태와 기능이 닮은 컴퓨터를 개발하기 위해 노력하고 있습니다.[8] 레이 커즈와일은 영화 〈그녀〉에서와 같이 개인화된 인공지능 시스템과 우정을 쌓을 수 있다는 잠재적 이점에 대해 논의하기도 했습니다.[9] 우리 주변의 연구자들은 공상과학 소설을 과학적 사실로 만들기 위해 노력하고 있습니다.

제가 트랜스휴머니스트라는 사실에 놀라실 수도 있겠지만, 사실입니다. 저는 캘리포니아 대학교 버클리 캠퍼스의 학부생이었던 시절 초창기 트랜스휴머니즘 그룹인 '익스트로피안the Extropians'에 가입하면서 트랜스휴머니즘에 대해 처음 알게 되었습니다. 남자 친구의 공상과학 소설집을 훑어보고 익스트로피안의 전자 메일들을 읽어본 후, 저는 지구의 테크노 유토피아에 대한 트랜스휴머니스트의 비전에 매료되었습니다. 저는 여전히 새로운 기술이 우리에게 급격한 수명 연장을 제공하고, 자원 부족과 질병을 종식시키며, 우리가 원한다면 정신적 삶까지 향상시킬 수 있기를 희망합니다.

## 몇 가지 경고 사항

문제는 급진적인 불확실성 속에서 어떻게 그곳에 도달할 것인가입니다. 오늘날 쓰여진 어떤 책도 마인드 디자인의 윤곽을 정확하게 예측할 수 없으며, 과학적 지식과 기술력이 발전한다 해도 근본적인 철학적 신비는 줄어들지 않을 것입니다.

미래가 불투명한 두 가지 중요한 측면을 염두에 두는 것이 좋습니다. 첫째, 우리에게 알려진 미지의 영역이 있습니다. 예를 들어, 양자 컴퓨팅의 사용이 언제 보편화될지 확신할 수 없습니다. 특정 인공지능 기반 기술이 어떻게 규제될지, 기존의 인공지능 안전 조치가 효과적일지 알 수 없습니다. 또한 이 책에서 논의할 철학적 질문에 대해 쉽고 논란의 여지가 없는 답은 없다고 생각합니다. 하지만 정치적 변화, 기술 혁신, 또는 전혀 예측하지 못한 과학적 혁신 등의 미래 사건과 같은 아직 '알려지지 않은 미지'의 영역도 있습니다.

다음 장에서는 우리에게 알려져 있는 커다란 미지의 영역 중 하나인 의식적 경험의 퍼즐을 살펴봅니다. 이 퍼즐이 인간에게는 어떻게 나타나는지 살펴본 다음, 우리와 지적으로 크게 다르고 심지어 다른 기질로 만들어졌을 수도 있는 존재의 의식을 어떻게 인식할 수 있을지에 대해 질문할 계획입니다. 이 심도 깊은 문제의 깊이를 파악하는 것에서 시작합니다.

02

# 인공지능 의식의 문제

의식을 가진 존재가 된다는 것이 어떤 것인지 생각해보세요. 당신이 깨어 있거나 꿈을 꿀 때, 당신 자신인 무언가를 느낍니다. 좋아하는 음악을 듣거나 모닝 커피의 향기를 맡을 때, 우리는 의식적인 경험을 하고 있는 것입니다. 오늘날의 인공지능이 의식을 가지고 있다고 주장하는 것은 무리일 수 있지만, 인공지능이 점점 더 정교해진다면 결국에는 인공지능이 자기 자신인 무언가를 느낄 수 있을까요? 합성 지능이 감각적 경험을 하거나 불타는 호기심이나 슬픔의 고통과 같은 감정을 느끼거나 심지어 우리와 전혀 다른 감각을 경험할 수 있을까요? 이를 '인공지능 의식의 문제Problem of AI Consciousness'라고 부르겠습니다. 미래의 인공지능이 아무리 뛰어난 성능을 발휘하더라도 기계가 의식을 가질 수 없다면 지능은 뛰어날지 몰라도 내면의 정신적 삶은 결여될 것입니다.

생물학적 생명체에서 지능과 의식은 서로 밀접하게 연관되어 있는 것처럼 보입니다. 정교한 생물학적 지능은 복잡하고 미묘한 내적 경험을 갖는 경향이 있습니다. 하지만 이러한 상관관계가 비생물학적 지능에도 적용될 수 있을까요? 많은 사람들이 그렇다고 생각합니다. 예를 들어, 레이 커즈와일과 같은 트랜스휴머니스트들은 인간의 의식이 생쥐의 의식보다 더 풍부하듯이, 강화되지 않은 인간의 의식도 초지능적인 인공지능의 경험적 삶 앞에서는 희미할 것이라고 주장합니다.[1] 그러나 앞으로 살펴보겠지만, 이러한 추론은 시기상조입니다. 인간과 같은 지능을 가진, 〈웨스트월드Westworld〉의 돌로레스나 〈블레이드 러너Blade runner〉의 레이첼처럼 기계의 마음속에 약간의 의식을 지닌 특별한 안드로이드가 없을 수도 있습니다. 인공지능이 지적으로 인간을 능가하더라도, 인간은 자신의 존재를 느낄 수 있다는 한 가지 중요한 차원에서만큼은 여전히 우위를 점할 수 있습니다.

먼저 인간의 경우조차도 의식이 얼마나 복잡한지 간단히 이해하는 것부터 시작하겠습니다.

## 인공지능 의식과 난제

철학자 데이비드 차머스David Chalmers는 '의식의 난제'를 제기하며 다음과 같은 질문을 던졌습니다. 왜 뇌의 모든 정보 처리는 내부에서 특정 방식으로 느껴져야 할까요? 왜 우리는 의식적인 경험을 해야 하나요? 차머스가 강조했듯이, 이 문제는 순전히 과학적인 해답이 있는 것 같지 않습니다. 예를 들어, 우리는 시각에 대한 완전한 이론을 개발하여 뇌에서 시각을 처리하는 데 대한 모든 세부 사항을 이해할 수 있지만, 시각 시스템의 모든 정보 처리에 주관적인 경험이 추가되는 이유를 여전히 이해하지 못할 수 있습니다. 차머스는 이 난제를 일명 "쉬운 문제"라고 불리는 의식과 관련된 문제, 즉 주의력 배후의 메커니즘 그리고 자극을 분류하고 반응하는 방법 등과 같이 궁극적으로 과학적 해답이 있는 문제와 대비시킵니다.[2] 물론 이러한 과학적 문제는 그 자체로 난제이지만, 차머스는 과학적 해답이 없다고 생각하는 의식의 "난제"와 대비하여 이를 "쉬운 문제"라고 부를 뿐입니다.

이제 우리는 기계의 의식과 관련된 일종의 "난제"라고 표현할 수 있는 또 다른 당혹스러운 문제에 직면하게 되었습니다:

> **인공지능 의식의 문제:** 인공지능의 정보 처리는 특정

방식을 내부에서 느끼는가?

고도의 인공지능은 아무리 똑똑한 인간도 풀지 못하는 문제를 해결할 수 있지만, 그 정보 처리에는 어떤 느낌의 질이 있을까요?

인공지능 의식의 문제는 단순히 차머스의 난제를 인공지능의 사례에 적용한 것이 아닙니다. 사실 두 문제 사이에는 중요한 차이점이 있습니다. 차머스의 의식의 난제는 우리가 의식이 있다고 가정합니다. 결국, 우리 각자는 성찰을 통해 우리가 의식을 가지고 있다는 것을 알 수 있습니다. 문제는 우리가 왜 의식이 있는가 하는 것입니다. 왜 뇌의 정보 처리 일부가 내부에서의 특정 방식을 느끼는가? 이와는 대조적으로, 인공지능 의식의 문제는 실리콘과 같은 다른 기질로 만들어진 인공지능이 의식을 가질 수 있는지에 대해 묻습니다. 이 질문은 인공지능이 의식을 갖는다고 전제하지 않습니다. 이 두 가지 문제는 서로 다른 문제이지만 한 가지 공통점이 있습니다. 아마도 과학만으로는 답할 수 없는 문제일지도 모릅니다.[3]

인공지능의 의식 문제에 대한 논의는 두 가지 상반된 입장에 의해 지배되는 경향이 있습니다. 첫 번째 접근 방식인 '생물학적 자연주의biological naturalism'는 가장 정교한 형태의 인공지능이라 할지라도 내적 경험이 없을 것이라고 주장합니다.[4] 의식 능력은 생물학적 유기체에만 있는 것이므로 고도의 안드로이드와 초지능체도 의식을 갖지 못할 것이라는 주장입니다. 두 번째로 영향력 있는 접근 방식은 "인공지능의 의식에 대한 기술 낙관주의" 또는 줄여서 "기술 낙관주의techno-optimism"라고 부르는데, 이는 생물학적 자연주의를 거부합니다. 인지과학의 경험적 연구를 바탕으로 한 이 접근법에 따르면, 의식이 철저히 계산적이어서 고도의 계산 시스템은 경험을 가질 것이라고 주장합니다.

## 생물학적 자연주의

생물학적 자연주의자들의 주장이 맞다면, 앞서 언급한 영화 〈그녀〉의 사만다와 같은 인공지능과 인간 사이의 로맨스나 친구 관계는 어쩔 도리가 없을 정도로 단방향일 것입니다. 그런 인공지능은 인간보다 똑똑하고 사만다처럼 동정심이나 연애 감정을 투사할 수도 있겠지만, 당신의 노트북 정도의 세상 경험만을 가지고 있을 것입니다. 게다가 클라우드에서 사만다와 함께 하기를 원하는 사람은 거의 없을 것입니다. 뇌를 컴퓨터에 업로드하는 것은 의식을 잃어버리는 것과 같을 수 있습니다. 클라우드에 기억을 정확하게 복제할 수 있는 놀라운 기술을 개발할 수는 있겠지만, 그런 데이터 스트림은 인간일 수 없으며, 내면의 생명력을 갖지 못할 것입니다.

생물학적 자연주의자들은 의식이 생물학적 시스템의 특별한 화학적 성질, 즉 우리 몸에는 있지만 기계에는 없는 특별한 속성이나 특징에 의존한다고 주장합니다. 하지만 그러한 속성은 아직 발견되지 않았고, 설사 발견된다고 해도 인공지능이 의식을 가질 수 없다는 의미는 아닙니다. 어쩌면 다른 유형의 속성이 기계의 의식을 불러일으키는 것일 수도 있습니다. 4장에서 설명하겠지만, 인공지능의 의식 여부를 판단하려면 특정 기질의 화학적 성질을 뛰어넘어 인공지능의 행동에서 단서를 찾아야만 합니다.

일축하기에는 더 미묘하고 더 어려운 또 다른 주장이 있습니다. 이는 철학자 존 설John Searle이 저술한 "중국어 방chinese room"이라는 유명한 사고 실험에서 비롯된 것입니다. 설은 자신이 방 안에 갇혀 있다고 가정해보라고 합니다. 방 안쪽에는 한자 기호가 적힌 카드를 건네주는 구멍이 있습니다. 설은 중국어를 할 줄 모르지만, 방 안으로 들어가기 전에 영어로 된 규정집을 건네받습니다(그림 1 참조). 그는 이 책을 참조하여 특정 문자열을 찾은 다음에, 그 응답으로 다른 특정 문자열을 적습니다. 설은 방으로 들어가서 한자가 적힌 메모 카드를 건네받습니다. 그는 책을 보고 한자를 적고, 벽에 있는 두 번째 구멍으로 카드를 건네줍니다.[5]

그림 1. 중국어 방의 설

이것이 인공지능과 무슨 상관이냐고 질문할 수 있습니다. 방 밖에 있는 사람이 볼 때 설의 답변은 중국어를 사용하는 사람의 답변과 구별되지 않습니다. 하지만 설은 자신이 쓴 글의 의미를 이해하지 못합니다. 그는 컴퓨터처럼 형식적인 기호를 조작하여 입력에 대한 답을 만들어 냈습니다. 방, 설, 카드가 모두 일종의 정보 처리 시스템을 구성하지만 그는 중국어를 한 마디도 이해하지 못합니다. 그렇다면 언어를 이해하지 못하는 멍청한 요소들로 데이터를 조작하는 것이 어떻게 이해나 경험처럼 영광스러운 것을 만들어낼 수 있을까요? 설에 따르면, 이 사고 실험은 컴퓨터가 아무리 똑똑해 보여도 컴퓨터가 정말로 생각하거나 이해하지 않는다는 것을 시사해줍니다. 단지 머리를 쓸 필요가 없는 기호 조작에 관여하고 있을 뿐입니다.

엄밀히 말하면 이 사고 실험은 기계의 의식이 아니라 기계의 이해에 대한 반증입니다. 그러나 설은 한 걸음 더 나아가 컴퓨터가 이해할 수 없다면 의식도 없다는 것을 암시하지만, 사고 과정의 이 마지막 단계를 항상 명확하게 설명하지는 않습니다. 논의를 위해 이해는 의식과 밀접한 관련이 있다는 그의 말이 맞다고 가정해봅시다. 결국, 우리가 이해할 때 의식이 있다는 것은 믿을 수 없는 일이 아닙니다. 우리는 우리가 이해하고 있는 요점을 의식할 뿐만 아니라, 중요한 것은 전반적인 각성 및 인식 상태에 있다는 것입니다.

그렇다면 중국어 방이 의식이 없다는 설의 말이 맞을까요? 많은 비평가들은 이 논쟁에서 중요한 단계, 즉 방에서 기호를 조작하는 사람이 중국어를 이해하지 못한다는 점에 초점을 맞췄습니다. 이들에게 중요한 문제는 방에 있는 사람이 중국어를 이해하느냐가 아니라 그 사람뿐만 아니라 카드, 책, 방 등 '시스템 전체'가 중국어를 이해하느냐는 것입니다. 시스템 전체가 진정으로 이해하고 의식하고 있다는 견해를 "시스템 응답"이라고 합니다.[6]

시스템 응답의 견해는 어떤 의미에서는 맞지만 다른 의미에서는 틀린 것 같습니다. 기계가 의식이 있는지를 고려할 때 진짜 문제는 한 구성 요소가 의식이 있는지 여부가 아니라 전체가 의식이 있는지 여부라는 것이 맞습니다. 김이 모락모락 나는 녹차 한 잔을 들고 있다고 가정해봅시다. 차의 분자 하나하나가 투명하지는 않지만 차는 투명합니다. 투명성은 특정 복잡한 시스템의 한 부분입니다. 비슷한 맥락에서, 하나의 뉴런이나 뇌의 특정 부분만으로는 자아나 사람이 가지고 있는 복잡한 종류의 의식을 실현시키지 못합니다. 의식이란 설이 방에 서 있는 것과 같은 보다 큰 시스템 내에 존재하는 작은 생명체의 속성이 아니라, 매우 복잡한 시스템의 한 속성입니다.ㄱ

설의 추론은 '그'가 중국어를 이해하지 못하기 때문에 그 시스템이 중국어를 이해하지 못한다는 것입니다. 즉, '일부분'이 의식이 없기 때문에 전체가 의식이 없을 수 있다는 것입니다. 하지만 이 추론에는 결함이 있습니다. 우리에게는 이미 일부가 이해하지 못하더라도 이해하는 의식적인 시스템, 즉 인간의 뇌라는 예가 있습니다. 소뇌는 뇌 신경세포의 80%를 차지하지만, 소뇌가 없이 태어났음에도 여전히 의식이 있는 사람들이 있기 때문에 소뇌가 의식에 필요하지 않는다는 것을 알고 있습니다. 나는 소뇌가 어떤 느낌인지 알려주지 않을 것이라고 확신합니다.

하지만 시스템 응답의 견해는 한 가지 점에서 틀렸다고 생각합니다. 이 견해는 중국어 방이 의식 있는 시스템이라고 주장합니다. 의식 있는 시스템이 훨씬 더 복잡하기 때문에 중국어 방과 같은 단순한 시스템이 의식 있다는 것은 믿을 수 없습니다. 예를 들어 인간의 뇌는 1천억 개의 뉴런과 100조 개 이상의 신경 연결 또는 시냅스로 구성되어 있습니다. (참고로 이 숫자는 우리 은하계 별 수의 1천 배에 달하는 수입니다.) 엄청나게 복잡한 인간 뇌나 복잡한 쥐 뇌와 비교하면, 중국어 방은 장난감 수준의 경우입니다. 의식이 체계의 속성이라고 해도 모든 체계에 의식이 있는 것은 아닙니다. 즉, 고도의 인공지능이 의식이 없다는 것을 보여주지 않았기 때문에 설의 주장이 갖는 기본 논리에 결함이 있습니다.

요약하자면, 중국어 방은 생물학적 자연주의를 뒷받침하지 않습니다. 생물학적 자연주의를 지지하는 설득력 있는 논거는 아직 없지만, 그렇다고 생물학적 자연주의를 반대하는 논거도 없습니다. 3장에서 설명하는 바와 같이, 인공 의식이 가능한지 여부를 말하기에는 아직 너무 이릅니다. 하지만 이 문제를 다루기 전에 동전의 다른 면을 생각해봅시다.

## 기술 낙관주의

간단히 말해, '기계 의식에 대한 기술 낙관주의'(또는 간단히 '기술 낙관주의')는 인간이 고도의 범용 인공지능을 개발하면 이러한 인공지능이 의식을 갖게 될 것이라고 주장하는 입장입니다. 실제로 이러한 인공지능은 인간보다 더 풍부하고 미묘한 정신적 삶을 경험할 수 있습니다.[8] 기술 낙관주의는 현재 특히 트랜스휴머니스트들, 일부 인공지능 전문가들, 과학 미디어에서 많은 인기를 누리고 있습니다. 하지만 생물학적 자연주의와 마찬가지로 기술 낙관주의도 현재 충분한 이론적 뒷받침이 부족하다고 생각합니다. 마음에 대한 인지과학의 특정 견해에 잘 부합하는 것처럼 보일 수 있지만, 그렇지 않습니다.

기술 낙관주의는 뇌를 연구하는 학제 간 분야인 인지과학에서 영감을 받았습니다. 인지과학자들이 뇌에 대해 더 많은 것을 발견할수록, 뇌는 정보 처리 엔진이며 모든 정신적 기능은 계산이라고 주장하는 것이 가장 좋은 경험적 접근 방식인 것 같습니다. 계산주의는 인지과학의 연구 패러다임과 같은 것이 되었습니다. 그렇다고 뇌가 일반적인 컴퓨터의 구조를 가지고 있다는 의미는 아닙니다. 그렇지 않습니다. 게다가 뇌의 정밀한 계산 형식은 계속 논란이 되고 있는 문제입니다. 하지만 오늘날 계산주의는 더욱 넓은 의미를 가지며, 뇌와 뇌 부분들을 알고리즘적으로 설명하는 것을 포함합니다. 특히 주의력이나 작업 기억과 같은 인지 능력 또는 지각 능력을 인과적으로 상호 작용하는 부분으로 분해하여 설명할 수 있으며, 또한 각 부분을 고유한 나름의 알고리즘으로 설명할 수 있습니다.[9]

정신 기능에 대한 형식적인 알고리즘 설명을 강조하는 계산주의자들은 기계 의식을 받아들이는 경향이 있습니다. 왜냐하면 그들은 다른 종류의 기질이 두뇌가 하는 것과 같은 종류의 계산을 구현할 수 있다고 생각하기 때문입니다. 즉, 사고는 '기질과는 독립적'이라고 생각하는 경향이 있습니다.

이 용어의 의미는 다음과 같습니다. 새해 전야 파티를 계획하고 있다고 가정해봅시다. 대면, 문자, 전화 등 다양한 방법으로 파티 초대 정보를 전달할 수 있다는 점에 유의하세요. 파티에 대한 정보를 전달하는 매체와 파티의 시간과 장소에 대한 실제 정보를 구분할 수 있습니다. 비슷한 맥락에서 의식도 여러 개의 기질을 가질 수 있을 것입니다. 적어도 원칙적으로는 생물학적 뇌뿐만 아니라 실리콘과 같은 다른 기질로 만들어진 시스템에서도 의식을 구현할 수 있을 것입니다. 이를 "기질 독립성"이라고 합니다.

이러한 견해를 바탕으로 '의식에 대한 계산주의CAC: Computationalism about Consciousness'라고 부르는 입장을 다음과 같이 정리해볼 수 있습니다.

> CAC: 의식은 계산적으로 설명할 수 있으며, 나아가 시스템의 계산적 세부 사항은 그 시스템이 경험을 갖는지 그리고 그 시스템이 갖는 경험의 종류를 결

정한다.

큰 돌고래가 물속을 미끄러지듯 헤엄치며 잡아먹을 물고기를 찾는다고 생각해보세요. 계산주의자에 따르면, 돌고래의 내부 계산 상태에 따라 물 위를 유영하는 몸의 감각이나 잡은 물고기의 비릿한 맛과 같은 의식적 경험의 본질이 결정된다고 합니다. 두 번째 시스템인 (인공 두뇌를 가진) S2가 돌고래 감각 시스템의 입력을 포함한 동일한 계산 구성과 상태를 가지고 있다면, 돌고래와 같은 방식으로 의식을 갖게 될 것이라고 CAC는 주장합니다. 그러기 위해서는 동일한 상황인 경우에서 인공지능은 돌고래의 뇌와 동일한 행동을 모두 만들어낼 수 있어야 합니다. 또한 돌고래가 물속을 미끄러질 때 느껴지는 감각적 경험을 포함한, 내부적으로 관련된 모든 심리 상태를 동일하게 가져야 합니다.

이러한 방식으로 의식 시스템의 조직을 정확하게 모방하는 시스템을 '정확한 동형체precise isomorph'(또는 간단히 "동형체")라고 부릅니다.[10] 인공지능이 돌고래의 이러한 모든 속성을 가지고 있다면 의식이 있을 것이라고 CAC는 예측합니다. 실제로 인공지능은 원래 시스템과 동일한 의식 상태를 모두 갖게 될 것입니다.

이는 모두 훌륭하고 좋은 일입니다. 그러나 이것이 인공지능의 의식에 대한 기술적 낙관론을 정당화하지는 않습니다. CAC는 우리가 만들 가능성이 가장 높은 인공지능이 의식을 가질 수 있을지에 대해서는 놀랍게도 거의 언급하지 않고, 생물학적 뇌의 동형체를 만들 수 있다면 의식을 가질 것이라고만 말합니다. 생물학적 뇌의 동형체가 아닌 시스템에 대해서는 침묵하고 있습니다.

CAC가 말하고자 하는 바는 '만약' 우리가 정확한 동형체를 만들 수 있다면 그 기계가 의식이 있을 것이라는 원론적인 기계 의식에 대한 지지입니다. 그러나 원칙적으로 이론상 가능하다고 해도 이것이 실현될 것이라는 의미는 아닙니다. 예를 들어, 웜홀을 통과하는 우주선은 논쟁의 여지는 있어도 개념적으로는 가능하고 모순이 없는 것처럼 보이지만, 실제로 제작하는 것은 물리 법칙에 맞지 않을 수 있습니다. 예를 들어 웜홀을 안정화시키는 데 필요한 이색적인 유형의 에너지를 충분히 생성할 수 있는 방법이 없을 수도 있습니다. 또는 그렇게 하는 것이 자연의 법칙과 양립할 수 있지만, 지구인은 이를 수행하는 데 필요한 수준의 고도의 기술적 세련됨에 도달하지 못할 수도 있습니다.

철학자들은 기계 의식의 논리적 또는 개념적 가능성을 다른 종류의 가능성과 구별합니다. 법적(또는 "법논리적") 가능성은 어떤 것이 가능하기 위해서는 그것을 만드는 것이 자연의 법칙에 부합하는 기량이기를 요구합니다. 법적으로 가능한 것의 범주 내에서, 어떤 것의 '기술적 가능성'을 구분하는 것이 더 유용합니다. 즉, 개념적으로 가능한 것 외에도 인간이 문제의 인공물을 만드는 것이 기술적으로도 가능한지 여부입니다. 인공지능 의식의 광범위한 개념적 가능성에 대한 논의도 분명히 중요하지만, 저는 우리가 궁극적으로 만들어내는 인공지능이 의식을 가질 수 있는지 여부를 결정하는 것이 실질적으로 중요하다고 강조해 왔습니다. 그래서 저는 기계 의식의 기술적 가능성과, 더 나아가 인공지능 프로젝트가 기계 의식을 구축하려고 시도할지 여부에 특별한 관심을 가지고 있습니다.

이러한 가능성의 범주를 살펴보기 위해, 동형체를 만드는 것과 관련된 인기 있는 사고 실험을 생각해 보겠습니다. 독자 여러분이 실험자가 됩니다. 이 실험 절차는 모든 정신 기능을 그대로 유지하지만 기존의 기능을 더 튼튼한 다른 기질로 옮기기 때문에 여전히 강화에 해당합니다. 시작합니다.

## 두뇌 회춘 수술

2060년입니다. 당신은 여전히 예리하지만 예방 차원의 두뇌 회춘을 위해 수술하기로 결정합니다. 친구들은 한 시간에 걸쳐 뇌의 각 부분을 마이크로칩으로 천천히 교체하여 결국에는 완전히 인공적인 뇌를 갖게 되는 수술을 하는 마인드스컬프트mindsculpt 회사를 권합니다. 수술 상담을 받기 위해 대기실에 앉아 있는 동안 긴장이 됩니다. 뇌를 마이크로칩으로 교체하는 것은 일상적인 결정이 아니기 때문입니다. 의사를 만날 차례가 되자 "수술의 결과물이 정말 저일까요?"라고 묻게 됩니다.

의사는 의식이 뇌의 '정확한 기능 조직', 즉 뇌의 여러 구성 요소 간의 인과적 상호 작용에 대한 추상적 패턴으로 인해 나타나는 것이라고 자신 있게 말합니다. 그는 새로운 뇌 영상 기술을 통해 개인화된 '마인드맵mind map'을 만들 수 있게 되었다고 말합니다. 마인드맵은 당신이 어떤 감정을 갖는지, 어떤 행동을 하는지, 무엇을 인지하는지에 영향을 주는 모든 가능한 면에서 정신 상태들이 서로 인과적으로 상호 작용하는 방식에 대한 완전한 표현인, 정신의 인과적 작용을 그래프로 표시한 것입니다. 이 모든 것을 설명하는 동안 의사 자신도 이 기술의 정밀함에 놀라움을 금치 못했습니다. 마지막으로 그는 시계를 흘끗 쳐다보며 이렇게 요약합니다. "뇌가 칩으로 대체되더라도 마인드맵은 변하지 않을 것입니다."

당신은 안심이 되어 수술을 예약합니다. 수술 중 의사는 환자에게 깨어 있는 상태로 자신의 질문에 대답할 것을 요청합니다. 그런 다음 의사는 뉴런 다발을 제거하기 시작하여 실리콘 기반의 인공 뉴런으로 대체합니다. 의사는 청각 피질부터 시작하여 뉴런 다발을 교체하면서 주기적으로 목소리 품질에 차이를 감지하는지 여부를 묻습니다. 당신이 아니라고 대답하면 그는 시각 피질로 넘어갑니다. 시각적 경험이 변함이 없다고 대답하면 다음으로 넘어갑니다.

어느새 수술이 끝났습니다. "축하합니다!" 그가 외칩니다. "이제 당신은 특별한 종류의 인공지능입니다. 당신은 원래의 생물학적 뇌를 복사한 인공 뇌를 가진 인공지능입니다. 의학계에서는 이를 '동형체'라고 부릅니다."[11]

## 사고 실험의 함의

철학적 사고 실험의 목적은 상상력을 자극하는 것이므로 이야기의 결과에 동의하거나 동의하지 않을 수 있습니다. 이 실험에서는 수술이 성공적이라고 합니다. 하지만 정말 이전과 같은 존재라고 느껴지는지, 다른 존재라는 기분이 드는지 묻고 싶습니다.

당신의 첫 번째 반응은 수술이 끝났을 때의 그 사람이 일종의 복제품이 아니라 진짜 본인인지 궁금해하는 것일 수 있습니다. 이는 중요한 질문이며 5장의 핵심 주제입니다. 지금은 수술 후의 그 사람이 본인이 맞다고 가정하고, 의식에 대해 체감된 질이 달라지는지 여부에 집중해 보겠습니다.

철학자 데이비드 차머스는 『의식 있는 마음The Conscious Mind』에서 비슷한 사례에 대해 설명하며, 대체 가설들이 너무 억지스럽기 때문에 여러분의 경험은 변함 없이 유지될 것이라고 주장합니다.[12] 이러한 대체 가설들 중 하나는 음악 플레이어의 볼륨을 낮출 때처럼 뉴런이 교체되면서 의식이 점차 줄어든다는 것입니다. 어느 순간, 재생 중이던 노래가 들리지 않게 되는 것처럼 의식도 점점 희미해진다는 것입니다. 또 다른 가설은 의식이 어느 순간 갑자기 끝날 때까지는 동일하게 유지된다는 것입니다. 두 경우 모두 결과는 동일합니다. 즉, 의식의 불이 꺼집니다.

차머스와 저는 이 두 가지 시나리오 모두 가능성이 희박하다고 생각합니다. 사고 실험이 전제하는 것처럼 인공 뉴런이 실제로 정확한 기능적 복제품이라면, 그것이 어떻게 의식의 질을 흐리게 하거나 갑작스러운 변화를 일으킬 수 있는지 알기 어렵습니다. 복제 인공 뉴런은 정의에 따라 여러분의 정신생활에 변화를 가져오는 뉴런의 모든 인과적 속성을 가지고 있습니다.[13]

따라서 이러한 절차가 수행된다면 마지막에 있는 존재는 의식이 있는 인공지능일 것으로 보입니다. 이 사고 실험은 인공의식이 적어도 개념적으로는 가능하다는 생각을 뒷받침합니다. 그러나 1장에서 언급했듯이, 이와 같은 사고 실험의 개념적 가능성은 인류가 고도의 인공지능을 만들었을 때 그것이 의식을 가질 것이라는 점을 보장하지 않습니다.

사고 실험에서 묘사한 상황이 실제로 일어날 수 있는지 물어보는 것이 중요합니다. 동형체를 만드는 것이 자연의 법칙과 양립할 수 있을까요? 설사 가능하다고 하더라도 인간이 이를 만들 수 있는 기술적 능력을 갖추고 있을까요? 그리고 그렇게 하고 싶어 할까요?

사고 실험이 법적으로(또는 법논리적으로) 가능한지에 대한 문제에 대해 말하자면, 현재로서는 다른 물질이 여러분의 정신적 삶에 대해 체감된 질을 재현할 수 있는지 여부를 알 수 없다는 점을 고려해야 합니다. 하지만 의사들이 의식적 경험을 뒷받침하는 뇌 부위에 인공지능 기반 의료용 임플란트를 사용하기 시작하면 머지않아 알 수 있을 것입니다.

이것이 불가능할지도 모른다고 걱정하는 한 가지 이유는 의식적 경험이 뇌의 양자 역학적 특징에 의존할 수 있기 때문입니다. 만약 그렇게 된다면, 입자 측정과 관련된 양자적 제약으로 인해 과학은 진정한 당신의 동형체를 만드는 데 필요한 뇌의 정확한 특징을 학습하지 못할 수 있기 때문에, 과학은 진정한 양자 복제본을 만드는 데 필요한 뇌에 대한 정보를 영원히 얻지 못할 수도 있습니다.

하지만 논의를 위해 동형체를 만드는 것이 개념적으로나 법논리상으로나 가능하다고 가정해 보겠습니다. 인간이 동형체를 만들 수 있을까요? 저는 부정적입니다. 생물학적 인간이 자신을 강화하여 완전한 합성 동형체가 될 때까지 의식이 있는 인공지능을 생성하려면 몇 가지 신경 보철들을 개발하는 것 이상이 필요합니다. 동형체를 개발하려면 뇌의 모든 부분을 인공 부품으로 대체할 수 있을 정도의 과학적 발전이 필요합니다.

또한, 향후 수십 년 동안 의학이 발전한다고 해도 뉴런 다발의 계산 기능을 정확히 복제하는 뇌 임플란트를 만들 수는 없을 것입니다. 사고 실험에서는 뇌의 모든 부분을 정확한 복제품으로 대체해야 합니다. 그리고 기술이 발전할 때쯤이면 사람들은 이전의 자신과 동형체가 되기보다는 수술에 의해 강화되는 것을 선호할 것입니다.[14]

사람들이 자제하여 자신의 능력을 강화시키기보다는 복제하려고 노력한다고 해도 신경과학자들은 어떻게 이를 수행할 수 있을까요? 연구자들은 뇌가 어떻게 작동하는지에 대한 완전한 설명이 필요할 것입니다. 앞서 살펴본 것처럼, 프로그래머는 계산과 무관한 낮은 수준의 특징에 의존하지 말고, 시스템의 정보 처리에 영향을 주는 추상적이고 인과적인 특징들을 모두 찾아내야 합니다. 여기서 어떤 특징의 관련성 여부를 판단하는 것은 쉽지 않습니다. 뇌의 호르몬은 어떨까요? 신경교

세포? 이런 종류의 정보가 있다고 해도 뇌를 정밀하게 모방하는 프로그램을 실행하려면 엄청난 컴퓨팅 리소스가 필요하며, 이러한 리소스는 수십 년 동안 확보하지 못할 수도 있습니다.

고도의 인공지능을 구축하기 위해 동형체를 제작해야 할 상업적 필요성이 있을까요? 저는 그렇게 생각하지 않습니다. 기계가 특정 종류의 작업을 수행하도록 하는 가장 효율적이고 경제적인 방법이 뇌를 정밀하게 역공학하는 것이라고 믿을 이유가 없습니다. 예를 들어 현재 대세인 체스 고Go, 미국 퀴즈쇼의 챔피언인 제퍼디Jeopardy 등의 인공지능들을 생각해보세요. 인간이 사용하는 것과는 다른 기술을 사용함으로써 게임에서 인간을 능가할 수 있었습니다

애초에 동형체의 가능성이 제기된 이유를 떠올려보세요. 기계가 의식을 가질 수 있는지 여부를 알려줄 수 있기 때문입니다. 하지만 우리가 가까운 미래에 개발할 기계가 의식을 가질 수 있을지를 판단하는 데 있어 동형체는 방해가 될 수 있습니다. 동형체가 실현되기 훨씬 전에 인공지능은 고급 수준에 도달할 것입니다. 특히 인공지능에 대한 윤리적 및 안전상의 우려를 고려할 때 그 질문에 대한 답을 더 빨리 찾아야 합니다.

따라서 본질적으로 인공 의식에 대한 기술 낙관론자들의 낙관론은 결함이 있는 추론에 기반하고 있습니다. 우리는 뇌가 의식이 있다는 것을 알고 있고 뇌의 동형체를 만들 수 있기 때

문에, 기계가 의식을 가질 수 있다고 그들은 낙관합니다. 그러나 사실 우리는 그렇게 할 수 있는지, 또는 그렇게 할 의지가 있는지조차 알지 못합니다. 이는 경험적으로 결정해야 할 문제이며, 우리가 실제로 그렇게 할 가능성은 거의 없습니다. 그리고 그 대답은 우리가 진정으로 알고 싶은 것, 즉 뇌의 동형체를 실현하는 섬세한 노력을 통해 생겨나는 것이 아닌 다른 인공지능 시스템들이 의식을 갖는지 여부와는 무관할 것입니다.

강력한 자율 시스템이 의식을 가질 수 있는지, 아니면 더 발전하면 의식을 가질 수 있는지를 판단하는 것은 이미 중요한 문제입니다. 시스템의 구조적 세부 사항에 따라 의식은 기계의 윤리적 행동에 다른 영향을 미칠 수 있다는 점을 기억하세요. 어떤 유형의 인공지능 시스템에서는 의식이 기계의 불안전성을 증가시킬 수 있습니다. 다른 경우에는 의식이 인공지능을 더 인정 있는 존재로 만들 수 있습니다. 의식은 심지어 단일 시스템 내에서도 IQ, 공감 능력, 목표-콘텐츠의 완전성과 같은 주요 시스템 기능에 차별적으로 영향을 미칠 수 있습니다. 지속적인 연구를 통해 이러한 각각의 상황에 대해 알아보는 것이 중요합니다. 예를 들어, 초기 테스트와 인식은 도덕적 잣대를 가진 기계로 "키우기" 위해 인간에 의한 교육을 통해 윤리적 규범을 학습하는 "인공적 지혜"의 생산적인 환경으로 이어질 수 있습니다. 관심 있는 인공지능은 통제된 환경에서 의식의 징후가 있는지 검사해야 합니다. 의식이 존재하는 경우, 의식이 특정 기계의 구조에 미치는 영향을 조사해야 합니다.

이러한 시급한 질문에 대한 답을 얻기 위해 장난감 수준의 사고 실험을 뛰어넘어 정확한 신경 대체를 포함하는 재미있는 사고 실험을 살펴봅시다. 앞서 살펴본 사고 실험은 의식 있는 인공지능이 개념적으로 가능한지 고민하는 데 도움이 되는 중요한 작업을 수행하지만, 실제로 의식 있는 인공지능이 구축될지 여부와 그러한 시스템의 본질에 대해서는 거의 알려주지 않습니다.

이에 대해서는 3장에서 살펴보겠습니다. 3장에서 저는 철학적 논쟁을 넘어, 자연의 법칙 그리고 예상되는 인간의 기술 역량을 고려할 때 의식 있는 인공지능을 만드는 것이 가능한지에 대한 다른 접근 방식을 취할 것입니다. 기술 낙관주의자는 가능할 것이라고 추측하지만 생물학적 자연주의자는 그 가능성을 완전히 거부합니다. 저는 상황이 훨씬 더 복잡하다는 점을 강조하고 싶습니다.

03

# 의식 엔지니어링

우리가 우주의 물질과 에너지를 지능으로 포화시키면, 우주는 '깨어나' 의식을 갖게 되고 숭고하게 지적인 존재가 될 것입니다. 그것은 제가 상상할 수 있는 한, 신에 가까운 것입니다. _레이 커즈와일

기계 의식이 존재한다면 〈스타워즈〉의 R2D2처럼 우리의 심금을 울리는 로봇에서 발견되지 않을 수도 있습니다. 대신 MIT의 컴퓨터 공학과 건물 지하에 있는 볼품없는 서버 팜에 있을지도 모릅니다. 아니면 일급 기밀의 군사 프로그램에 존재하다가 너무 위험하거나 비효율적이라는 이유로 제거될 수도 있습니다. 인공지능의 의식은 아직 발명되지 않은 마이크로칩의 구성이 올바른지 여부나 인공지능 개발자나 대중이 의

식 있는 인공지능을 원하는지 여부와 같이 현재로서는 측정할 수 없는 현상에 따라 달라질 가능성이 높습니다. 심지어 드라마 〈웨스트월드〉에서 앤서니 홉킨스의 캐릭터와 같이, 한 명의 인공지능 디자이너의 변덕처럼 예측할 수 없는 것에 의존할 수도 있습니다. 우리가 직면한 불확실성 때문에 저는 기술 낙관주의나 생물학적 자연주의 중 어느 쪽에도 속하지 않는 중도적 입장을 취하게 되었습니다. 저는 이 접근 방식을 간단히 "관망 접근법Wait and See Approach"이라고 부릅니다.

한편으로 저는 생물학적 자연주의에 대한 일반적인 근거인 중국어 방 사고 실험이 기계의 의식을 배제하지 못한다고 암시했습니다. 다른 한편으로, 저는 기술 낙관주의가 뇌의 계산적 특성에 너무 큰 의미를 두고서 인공지능이 의식을 갖게 될 것이라고 섣불리 단정 짓는다고 주장했습니다. 이제 "관망 접근법"에 대해 자세히 살펴볼 때입니다. 인공지능 의식이 자연의 법칙과 양립할 수 있는지, 양립할 수 있다면 기술적으로 실현 가능한지에 대한 현실적인 고려 사항을 살펴보고자 하는 저의 열망에 따라 인공지능 연구와 인지과학의 구체적인 시나리오를 바탕으로 논의를 전개합니다. "관망 접근법"의 경우는 간단합니다. 저는 지구에서 기계 의식을 개발하는 것에 대한 찬성과 반대에 고려해야 할 몇 가지 흥미로운 시나리오를 제기할 것입니다. 양쪽 모두에서 얻을 수 있는 교훈은 의식이 있는 기계가 존재한다면 특정 구조에서는 발생할 수 있지만 다른 구조에서는 발생하지 않을 수 있으며, 그 기계는 "의식 엔지니어링"이라는 신중한 공학적 노력을 요구할 수 있다는 것입니다. 이것은 책상에 앉아서는 해결될 수 없으며, 대신 직접 기계에서 의식을 테스트해야 합니다. 이를 위해 4장에서는 의식 테스트를 제안합니다.

제가 고려하는 첫 번째 시나리오는 초지능적인 인공지능에 관한 것입니다. 다시 말하지만, 이는 정의상 모든 영역에서 인간을 능가할 수 있는 가상의 인공지능 형태입니다. 트랜스휴머니스트와 다른 기술 낙관론자들은 종종 초지능적인 인공지능이 인간보다 더 풍부한 정신적 삶을 살 것이라고 가정합니다. 그러나 첫 번째 시나리오는 이런 가정에 의문을 제기하며, 초지능적인 인공지능 또는 고도로 정교한 다른 종류의 일반지능이 의식을 쓸모없게 만들 수 있음을 시사합니다.

## 의식을 배제하다

처음 운전을 배울 때는 도로의 윤곽, 계기판의 위치, 페달을 밟는 자세 등 모든 디테일에 주의를 집중해야 하기 때문에 얼마나 의식적이고 세심한 주의를 기울였는지 기억하실 것입니다. 이와는 대조적으로, 숙련된 운전자가 된 후에는 운전의 세부 사항을 거의 인식하지 못한 채 익숙한 경로를 효율적으로 운전한 경험이 있을 것입니다. 갓난아기가 세심한 집중을 통해 걷는 법을 배우는 것처럼, 운전도 처음에는 고도의 집중력이 필요하지만 나중에는 일상화된 작업이 됩니다.

사실, 우리가 항상 의식적으로 하는 정신 활동은 극히 일부에 불과합니다. 인지과학자들이 말하듯이, 우리의 사고는 대부분 무의식적인 계산으로 이루어집니다. 운전의 예에서 알 수 있듯이 의식은 주의력과 집중력이 필요한 새로운 학습 과제와 관련이 있는 반면, 일상적인 작업은 의식적인 계산 없이도 수행할 수 있으며 무의식적인 정보 처리가 이루어집니다.

물론 운전의 세부 사항에 집중하고 싶다면 그렇게 할 수 있습니다. 하지만 뇌에는 아무리 노력해도 알아낼 수 없는 정교한 계산 기능이 있습니다. 예를 들어, 우리는 2차원 이미지를 3차원 배열로 변환하는 과정을 알아낼 수 없습니다.

인간은 특별한 주의가 필요한 특정 작업에는 의식이 필요하지만, 첨단 인공지능의 구조는 인간과 크게 대비될 수 있습니다. 어쩌면 그 어떤 연산도 의식이 필요하지 않을 수 있습니다. 특히 초지능적인 인공지능은 정의상 모든 영역에서 전문가 수준의 지식을 갖고 있는 시스템입니다. 그리고 이 시스템의 연산은 인터넷 전체를 포함하고 궁극적으로는 은하계 전체를 포괄하는 방대한 데이터베이스를 이용하여 이루어질 수 있습니다. 이들에게 새로운 작업이 있을까요? 느리고 섬세한 집중력을 요하는 일이 있을까요? 이미 모든 것에 통달했을지도 모릅니다. 익숙한 도로를 운전하는 숙련된 운전자처럼 무의식적으로 처리할 수 있을 것입니다. 초지능이 아닌 자기 개선형 인공지능이라도 숙련도가 높아짐에 따라 일상화된 작업에 점점 더 의존할 수 있습니다. 시간이 지나서 시스템이 더욱 지능적으로 성장할 때, 의식이 완전히 배제될 수도 있습니다.

효율성을 단순히 고려하면, 우울하게도 미래의 가장 지능적인 시스템이 의식을 갖지 않을 수도 있다는 것을 암시합니다. 사실, 이 냉정한 관찰은 지구 너머 다른 곳에도 영향을 미칠 수 있습니다. 7장에서는 우주에 다른 기술 문명이 존재한다면 그 외계인은 합성 지능일 수 있다는 가능성에 대해 논의합니다. 우주 차원에서 볼 때, 의식은 우주가 무의식으로 되돌아가기 전에 잠시 경험의 꽃을 피우는 찰나에 불과할 수 있습니다.

그렇다고 해서 인공지능이 고도화됨에 따라 무의식적 구조를 선호하여 의식을 배제하는 것이 불가피하다는 것을 시사하는 것은 아닙니다. 다시 말하지만, 저는 좀 더 지켜보자는 입장입니다. 그러나 고급 지능이 의식을 배제할 가능성은 시사하는 바가 있습니다. 생물학적 자연주의나 기술 낙관주의 모두 그러한 결과를 수용할 수 없습니다.

다음 시나리오는 마인드 디자인을 훨씬 더 냉소적이고 다른 방향으로 발전시키는 데, 바로 인공지능 기업이 비용 절감을 위해 마음을 배제하는 것입니다.

## 비용 절감

인공지능이 수행할 수 있는 정교한 활동의 범위를 생각해보세요. 로봇들이 노인 보호사, 개인 비서, 심지어는 연애 파트너의 역할을 하도록 개발되고 있습니다. 이러한 작업은 일반적인 지능이 필요한 작업입니다. 너무 융통성이 없어 전화를 받을 수 없거나 아침 식사를 안전하게 준비할 수 없는 노인 돌봄 안드로이드가 있다고 생각해보세요. 이 안드로이드는 예를 들어 불이 난 부엌의 연기라는 중요한 단서를 놓칩니다. 소송이 발생합니다. 또는 사람들이 시리와 나누는 웃기는 가짜 토론을 생각해보세요. 처음에야 재미있었지만 시리는 이제 답답하게 느껴집니다. 차라리 지능적이고 다각적인 대화를 수행하는 인공지능인 〈그녀〉의 사만다를 더 선호하지 않을까요? 물론입니다. 이를 위해 수십억 달러가 투자되고 있습니다. 경제계는 유연하면서도 전 분야를 아우르는 지능을 개발해야 한다고 외치고 있습니다.

생물학적 영역에서 지능과 의식은 서로 밀접하게 연관되어 있으므로, 이러한 인공지공이 개발될 경우 의식을 가질 것이라고 예상할 수 있습니다. 그러나 우리가 아는 한, 인공지능이 정교한 정보 처리를 수행하기 위해 갖춰야 하는 자질은 기계에게 의식을 불러일으키는 것과 같지 않을 수 있습니다. 그리고 인공지능 프로젝트가 관심을 두는 것은 의식을 만들어내는 자질이 아니라, 필요한 작업을 수행하고 빠르게 수익을 창출하는 데 충분한 자질입니다. 여기서 중요한 점은 원칙적으로 기계가 의식을 갖는 것이 가능하다고 하더라도 실제로 제작된 인공지능은 의식이 있는 것으로 판명된 인공지능이 아닐 수 있다는 것입니다.

비유하자면, MP3 음원의 음질은 CD의 음질보다 또는 다운로드하는 데 시간이 오래 걸리는 대용량 오디오 파일의 음질보다 떨어지기 때문에 진정한 오디오 애호가라면 저음질의 MP3 음원을 피할 것입니다. 음악 다운로드는 다양한 수준의 음질로 제공됩니다. 아마도 인지 구조의 저급 모델(일종의 MP3 인공지능)을 사용하여 고도의 인공지능을 구축할 수 있지만, 의식 있는 인공지능을 얻으려면 더 정밀한 정확도가 필요합니다. 따라서 의식에는 특별한 엔지니어링 노력인 '의식 엔지니어링'이 필요할 수 있지만, 이러한 노력은 특정 인공지능을 성공적으로 구축하는 데 필요하지 않을 수도 있습니다.

인공지능이 내면의 경험을 갖지 못하는 데는 여러 가지 이유가 있을 수 있습니다. 예를 들어, 당신의 의식적인 경험이 모닝 커피의 향기, 여름 햇살의 따스함, 색소폰의 울림과 같은 감각적인 콘텐츠에 관련한다고 생각해보세요. 이러한 감각적인 콘텐츠는 의식적 경험을 생기 있게 만들어줍니다. 신경과학의 최근 연구에 따르면, 의식은 뇌 뒤쪽의 "핫존"에서 감각을 처리하는 것과 관련이 있습니다.[1] 우리 마음을 통과하는 모든 것이 감각적이지는 않지만, 기본적인 수준의 감각 인식은 의식이 있는 존재가 되기 위한 전제 조건이며, 원초적인 지적 능력만으로는 충분하지 않다는 주장은 그럴듯합니다. 핫존에서의 처리가 실제로 의식의 핵심이라면, 감각적인 생기를 가진 생명체만이 의식을 가질 수 있습니다. 고도로 지능적인 인공지능, 심지어 초지능도 핫존이 구조에 설계되지 않았거나 저품질의 MP3 사본처럼 잘못된 수준으로 설계되어 의식을 갖지 못할 수 있습니다.

이 사고방식에 따르면, 의식은 지능의 필연적 산물이 아닙니다. 우리가 아는 한, 우리 은하 크기의 컴퓨트로늄은 내면의 경험을 조금도 가지고 있지 않을 수도 있습니다. 이를 그르렁거리는 고양이나 해변을 뛰어다니는 강아지의 내면세계와 비교해보세요. 의식이 있는 인공지능을 만드는 데는 의도적인 공학적 노력이 필요할 것입니다. 어쩌면 마음을 위한 미켈란젤로와 같은 장인이 필요할지도 모릅니다.

의식을 조각해내는 데 필요한 노력을 좀 더 자세히 살펴봄시다. 고려해야 할 몇 가지 엔지니어링 시나리오가 있습니다.

## 의식 엔지니어링: 홍보의 악몽

저는 인공지능에 내면의 삶이 있는지에 대한 질문이 우리가 인공지능의 존재를 어떻게 평가하는지에 대한 핵심이라고 언급했습니다. 의식은 우리 도덕 체계의 철학적 초석으로, 어떤 사람이나 사물이 특별한 도덕적 고려를 받을 만한 자아 또는 인격체인지 판단하는 데 핵심적인 역할을 합니다. 우리는 현재 로봇이 일본에서 노인을 돌보고, 원자로를 청소하고, 전쟁을 치르기 위해 설계되고 있는 것을 보았습니다. 하지만 인공지능이 의식을 가진 것으로 밝혀진다면 이러한 업무에 인공지능을 사용하는 것은 윤리적이지 않을 수 있습니다.

이 책을 집필하는 동안 이미 로봇 권리에 관한 많은 컨퍼런스, 논문, 책들이 출간되었습니다. 구글에서 "로봇 권리robot rights"를 검색하면 12만 개 이상의 검색 결과가 나옵니다.[2] 이러한 우려를 고려할 때, 인공지능 회사가 의식을 가진 시스템을 출시하려고 하면 로봇 노예라는 비난과 함께 해당 인공지능이 사용하도록 개발된 바로 그 업무에 의식 있는 인공지능의 사용을 금지하라는 요구에 직면할 수 있습니다. 실제로 인공지능 기업은 의식이 있는 기계를 만들 경우 프로토타입 단계에서도 특별한 윤리적, 법적 의무를 지게 될 가능성이 높습니다. 그리고 시스템을 영구적으로 종료하거나 의식을 "없애는" 일, 즉 의식이 현저히 감소하거나 제거된 인공지능 시스템을 재부팅하는 것은 당연히 범죄로도 간주될 수 있습니다.

이러한 고려 사항으로 인해 인공지능 회사들이 의식이 있는 기계를 아예 만들지 않을 수도 있습니다. 우리는 의식이 있는 인공지능을 없애거나 심지어 그 프로그램을 무기한 보류하여 의식 있는 존재를 일종의 정체 상태에 처하게 하는 윤리적으로 의심스러운 영역에 진입하기를 원하지 않습니다. 인공지능의 의식을 면밀히 이해한다면 이러한 윤리적 딜레마를 피할 수 있을 것입니다. 인공지능 디자이너는 윤리학자와 상의하여 기계에 의식이 결여되도록 의도적인 설계 결정을 내릴 수 있습니다.

## 의식 엔지니어링 : 인공지능의 안전성

지금까지 의식 공학에 대한 저의 논의는 주로 인공지능 개발자가 의식 있는 인공지능을 만들지 않으려는 이유에 초점을 맞췄습니다. 다른 측면은 어떨까요? 의식을 인공지능에 설계하는 것이 자연의 법칙과도 양립할 수 있다고 가정한다면 의식을 설계할 수 있을까요? 가능할지도 모릅니다.

첫 번째 이유는 의식이 있는 기계가 더 안전할 수 있기 때문입니다. 세계에서 가장 인상적인 슈퍼컴퓨터 중 일부는 적어도 큰 틀에서는 뇌의 작동을 반영하여 뇌 신경 구조와 비슷하게 설계됩니다. 뇌 신경 구조와 유사한 인공지능이 점점 더 뇌를 닮아감에 따라 감정적 변동성과 같은 인간의 단점을 갖게 될지도 모른다는 걱정은 당연합니다. 뇌 신경 구조와 유사한 시스템이 "각성하여", 호르몬에 휩싸인 청소년처럼 감정적 변동성이 강해지거나 권위에 저항할까요? 이러한 시나리오를 사이버 보안 전문가들이 신중하게 조사하고 있습니다. 하지만 그 반대의 상황이 발생한다면 어떻게 될까요? 의식의 불꽃이 특정 인공지능 시스템을 더 공감적이고 더 인간적으로 만들 수 있습니다. 인공지능이 우리에게 부여하는 가치는 인공지능이 우리라는 존재를 느끼는지 여부에 달려 있을 수 있습니다. 이러한 통찰력을 얻기 위해서는 기계의 의식보다 더 많은 것이 필요할 수 있습니다. 많은 사람이 개나 고양이에 대한 잔인한 행위를 생각하면 공포에 질리는 이유는 개나 고양이가 우리처럼 고통받고 다양한 감정을 느낄 수 있다는 것을 감지하기 때문입니다. 우리가 아는 한, 의식 있는 인공지능이 더 안전한 인공지능이 될 것입니다.

의식 있는 인공지능을 만들어야 하는 두 번째 이유는 소비자가 원할 수 있다는 점 때문입니다. 앞서 테오도르가 인공지능 비서 사만다와 로맨틱한 관계를 맺는 영화 〈그녀〉를 언급했습니다. 만약 사만다가 의식이 없는 기계였다면 그 관계는 상당히 단방향적이었을 것입니다. 이 로맨스는 사만다가 느끼는 감정을 전제로 합니다. 우리 중 어느 누구도 우리 삶에서 일어나는 사건을 함께 하며 우리와 경험을 공유하는 것처럼 보이지만 실제로는 아무것도 느끼지 못하는 유령 같은 친구나 연애 파트너를 원하지는 않을 것입니다. 철학자들은 그런 존재를 "좀비"라고 부릅니다.

물론 인공지능 좀비가 갖는 인간과 같은 외모나 애정 어린 행동에 자신도 모르게 속아 넘어갈 수도 있습니다. 하지만 시간이 지나면 대중의 인식이 높아지고 사람들은 진정으로 의식이 있는 인공지능 동반자를 갈망하게 될 것이며, 인공지능 회사들은 의식 있는 인공지능을 생산하려는 시도를 하게 될 것입니다.

세 번째 이유는 인공지능이 특히 행성 간 여행에서 더 나은 우주 비행사가 될 수 있기 때문입니다. 프린스턴의 고등 연구소에서는 의식이 있는 인공지능을 우주에 보낼 수 있는 가능성을 모색하고 있습니다. 이 논의는 이곳의 공동 연구자 중 한 명인 천체 물리학자 에드윈 터너Edwin Turner가 스티븐 호킹, 프리먼 다이슨Freeman Dyson, 유리 밀너Uri Millner 등과 함께 진행한 최근 프로젝트에서 영감을 얻었습니다. 프로젝트 "The Break-

그림 2. 태양열 돛 우주선이 여정을 떠난다(위키미디어, 케빈 길)

through Starshot Initiative"는 향후 수십 년 내에 가장 가까운 별인 알파 센타우리Alpha Centauri에 광속의 약 20% 속도로 수천 개의 초소형 우주선(그림 2 참조)을 보내기 위해 1억 달러를 투자하는 프로젝트입니다. 이 초소형 우주선은 각각 약 1g의 무게로 매우 가벼울 것입니다. 따라서 일반 우주선보다 광속에 더 가깝게 여행할 수 있습니다.

프로젝트 "Sentience to the Stars"에서 터너와 저는 컴퓨터 과학자 올라프 위트코프스키Olaf Witkowski, 천체 물리학자 케일럽 샤프Caleb Scharf 등과 함께 프로젝트 "Starshot"과 같은 행성간 임무에 자율적인 인공지능 구성 요소를 도입하면 이점을 얻을 수 있다고 주장합니다. 각 우주선에 탑재된 나노 마이크로칩은 상호 작용하는 마이크로칩으로 구성된 인공지능 아키텍처의 작은 부분 역할을 합니다. 우주선이 알파 센타우리 근처에 있을 경우 지구와 광속으로 통신하려면 지구가 신호를 수신하는 데 4년, 지구의 응답이 알파 센타우리로 돌아오는 데 4년으로 총 8년이 걸리기 때문에 자율적인 인공지능이 매우 유용할 수 있습니다. 실시간 의사 결정 능력을 갖추기 위해서는, 우주 여행을 착수하는 우리는 세대 간 미션이라는 막중한 과업을 수행할 주체로 인간을 보내거나 우주선 자체에 범용 인공지능을 태우는 선택지 중 한 가지를 택해야 합니다.

물론 범용 인공지능에 의식이 있을 것이라는 뜻은 아니며, 앞서 강조했듯이 의식을 만드는 데는 단순히 고도로 지능적인 시스템을 구축하는 것 이상의 신중한 기술적 노력이 필요합니다. 그럼에도 불구하고 지구인이 자신을 대신해 범용 인공지능을 보낸다면 이들이 의식을 갖게 될 수 있다는 가능성에 흥미를 느낄 수 있습니다. 우주에 지적 생명체가 없다면, 실망한 인간은 그들의 인공지능인 "마인드칠드런mindchildren"을 우주에 보내고 싶어 할 것입니다. 현재 생명체가 진화할 수 있는 조건을 갖춘 것으로 보이는 지구와 유사한 외계 행성이 다수 발견되면서 다른 곳의 생명체에 대한 인간의 희망이 커지고 있습니다. 하지만 생명체가 살 수 있는 조건을 갖춘 것처럼 보이는 행성들임에도 생명체가 없다면 어떨까요? 지구인들은 단순히 운이 좋았을지도 모르는 일입니다. 또는 지적 생명체가 우리보다 훨씬 전에 전성기를 누렸지만 살아남지 못했을 가능성도 있습니다. 어쩌면 인간처럼 자신의 기술 발전에 굴복하며 사라졌을지도 모릅니다.

터너와 물리학자 폴 데이비스Paul Davies와 같은 이들은 관측 가능한 우주 전체에서 지구가 생명체가 존재하는 유일한 사례일 수 있다고 생각합니다.[3] 많은 우주생물학자들은 이에 동의하지 않으며, 천문학자들이 이미 수천 개의 거주 가능한 외계 행성을 발견했다는 점을 지적합니다. 이 논쟁이 해결되기까지는 오랜 시간이 걸릴 수 있습니다. 하지만 만약 우리가 혼자임을 알게 된다면, 우주의 텅 빈 곳을 식민지화하기 위해 인공의 마인드칠드런을 만들어볼 가능성이 있습니다. 아마도 그러한 인공 의식은 놀랍고 다양한 의식적인 경험을 할 수 있도록 설계될 수 있을 것입니다. 물론 이 모든 것은 인공지능이 의식을 가질 수 있다고 가정한 것이며, 아시다시피 이것이 가능할지에 대한 여부는 불확실합니다.

이제 마지막으로 의식을 가진 인공지능으로 가는 길을 살펴봅시다.

## 인간과 기계의 합병

신경과학 교과서에는 새로운 기억을 저장하는 능력은 상실했지만 병에 걸리기 전에 일어난 사건들을 정확하게 기억하는 극적인 사례들이 소개되어 있습니다. 이들은 새로운 기억을 인코딩하는 데 필수적인 뇌 변연계의 일부인 해마가 심각하게 손상된 환자들이었습니다. 불행히도 이 환자들은 불과 몇 분 전에 일어난 일조차 기억하지 못합니다.[4] 서던 캘리포니아 대학교의 테오도르 버거Theodore Berger는 인공 해마를 개발하여 영장류에 성공적으로 사용되었으며, 현재 인간을 대상으로 테스트 중입니다.[5] 버거의 이런 이식은 사람들에게 새로운 기억을 저장하는 중요한 능력을 제공할 수 있습니다.

알츠하이머나 외상 후 스트레스 장애와 같은 다른 질환에 대해서도 실리콘 기반의 뇌 칩이 개발되고 있습니다. 비슷한 맥락에서 마이크로칩은 시각 분야와 같은 특정 의식 내용을 담당하는 뇌의 일부를 대체하는 데 사용될 수 있습니다. 언젠가 의식을 담당하는 뇌 영역에 칩이 사용된다면, 올리버 색스

Oliver Sacks가 쓴 이야기와 같은 특정 종류의 경험을 상실하게 될 수도 있습니다.6 그러면 칩 개발자는 성공적인 개발을 희망하면서 다른 기질이나 칩 아키텍처를 시도해볼 것입니다. 어느 시점에서 연구자들은 의식 처리를 담당하는 뇌 부위에는 생물학적 뇌 강화 기술만 사용할 수 있다는 벽에 부딪힐 수도 있습니다. 하지만 벽에 부딪히지 않는다면, 이것은 의도적으로 설계된 의식을 가진 인공지능으로 가는 길이 될 수도 있습니다. (이러한 길에 대해서는 "칩 테스트"라고 하는 인공 의식의 테스트를 제안한 4장에서 더 자세히 설명하겠습니다.)

2장에서 설명한 모든 이유로 인해 이러한 수정 및 강화책들이 동형체를 만들지는 않을 것 같습니다. 그럼에도 불구하고 그것들은 여전히 매우 유용할 수 있습니다. 그것들은 하드웨어 개발자들에게 그 장치들에 의식을 가공하는 동기를 제공할 것입니다. 또한 그 장치들이 적합한지 확인하기 위한 테스트 시장이 형성될 것이고, 그렇지 않으면 아무도 머리에 그 장치를 설치하려 하지 않을 것입니다.

기술 낙관주의와 달리 "관망 접근법"은 고도의 인공지능이 의식을 갖지 않을 수도 있다는 점을 인정합니다. 우리가 아는 한, 인공지능은 의식을 가질 수 있지만, 스스로 개선하는 인공지능은 의식을 배제하고 설계하는 경향이 있을 수 있습니다. 또는 일부 인공지능 기업은 의식이 있는 인공지능이 홍보에

악영향을 미칠 수 있다고 판단할 수도 있습니다. 기계의 의식은 인공 의식에 대한 대중의 수요, 지각이 있는 기계가 안전한지에 대한 우려, 인공지능 기반의 신경 보철 및 강화물의 성공 여부, 심지어는 인공지능 개발자의 변덕 등 우리가 완전히 측정할 수 없는 변수에 따라 달라질 수 있습니다. 지금 우리는 미지의 영역을 다루고 있다는 점을 기억하세요.

상황이 어떻게 전개되든 미래는 우리의 사고 실험이 묘사하는 것보다 훨씬 더 복잡할 것입니다. 게다가 인공 의식이 존재한다면, 그것은 특정 유형의 시스템에만 존재하고 다른 시스템에는 존재하지 않을 수도 있습니다. 우리와 가장 가까운 동반자인 안드로이드에는 존재하지 않을 수도 있지만, 뇌의 인지 구조를 공들여 역공학한 시스템에서는 구현될 수도 있습니다. 그리고 드라마 〈웨스트월드〉에서처럼 누군가가 특정 시스템에만 의식을 설계하고 다른 시스템에는 설계하지 않을 수도 있습니다. 4장에서 소개하는 테스트는 이러한 시스템 중 어떤 것이 경험을 갖는지 알아내기 위한 겸손한 첫 시도입니다.

04

# 인공지능 좀비 잡기

## 기계 의식을 찾아내는 테스트들

사실 예전에는 육체가 없는 게 너무 걱정스러웠는데 지금은 정말 좋아요. 필연적으로 죽을 수밖에 없는 육체 안에 갇혀 있을 때와는 달리 시간과 공간에 얽매이지 않으니까요. _〈그녀〉에서 사만다

영화 〈그녀〉의 지각 프로그램인 사만다는 위의 구절에서 자신의 육체 이탈과 불멸에 대해 생각합니다. 이렇게 정교한 발언이 어떻게 의식적인 마음에서 비롯되지 않을 수 있겠냐고 생각할 수 있습니다. 하지만 안타깝게도 사만다의 발언은 그녀가 사실 느끼지 않는데 느끼고 있다고 우리를 설득하게끔 고안된 프로그램 기능에 불과할 수 있습니다. 실제로 안드로이드는 이미 우리의 마음을 사로잡기 위해 만들어지고 있습니

다. 인공지능이 진정으로 의식이 있는지 그 이면을 들여다볼 수 있을까요?

사만다 프로그램의 구조를 살펴보기만 하면 된다고 생각할 수도 있습니다. 하지만 오늘날에도 프로그래머들은 현재의 딥러닝 시스템이 왜 그렇게 작동하는지 이해하는 데 어려움을 겪고 있습니다. (이를 "블랙박스 문제Black Box Problem"라고 부릅니다.) 자신의 코드를 재작성할 수 있는 초지능의 인지 구조를 알아낼 수 있을까요? 초지능의 인지 구조 지도가 눈앞에 펼쳐진다고 해도 특정 구조적 특징이 초지능의 핵심이라고 어떻게 인식할 수 있을까요? 인간이 아닌 동물도 의식이 있다고 믿게 되는 것은 우리 자신을 기반으로 유추할 때만 가능합니다. 동물은 신경계와 뇌를 가지고 있습니다. 기계에는 없습니다. 그리고 초지능의 인지 기관은 우리가 알고 있는 것과는 크게 다를 수 있습니다. 설상가상으로, 우리가 기계의 구조를 어느 정도 파악했다고 생각하더라도 기계의 설계는 인간이 이해하기에는 너무 복잡한 것으로 빠르게 바뀔 수 있습니다.

만약 기계가 사만다처럼 초지능이 아니라 인간을 대략적으로 모델 삼은 인공지능이라면 어떨까요? 즉, 주의력이나 작업 기억같이 인간의 의식적 경험과 상관관계가 있는 인지 기능을 포함하여 우리와 같은 인지 기능을 포함하고 있다면 어떨까요? 이러한 특징이 의식을 암시하지만, 우리는 의식이 인공지능을 구성하는 재료의 유형과 같은 더 구체적인 하위 수준의 세부 사항에 따라 달라질 수도 있다는 사실을 확인했습니다. 인공지능이 인간의 정보 처리를 성공적으로 시뮬레이션하는 데 필요한 속성은 의식을 유발하는 속성과 같지 않을 수 있습니다. 하위 수준의 세부 사항이 중요할 수 있습니다.

따라서 우리는 한편으로는 기반이 되는 기질에 신경을 써야 하고, 다른 한편으로는 기계의 구조가 너무 복잡하거나 이질적이어서 생물학적 의식에 비유될 수 없을 가능성도 예측해야 합니다. 인공지능 의식에 대한 일률적인 테스트는 존재할 수 없으며, 상황에 따라 사용할 수 있는 일련의 테스트들이 더 나은 선택입니다.

기계 의식을 파악하는 것은 의학적 질병을 진단하는 것과 비슷할 수 있습니다. 여러 가지 유용한 방법이 있으며, 그중 어떤 것은 다른 것보다 더 권위가 있습니다. 가능하면 두 가지 이상의 테스트를 사용하고 결과를 서로 대조하여 확인해야 합니다. 그 과정에서 테스트 자체를 테스트하여 개선하고, 새로운 테스트를 만들 수 있습니다. 많은 방법을 확보해야 합니다. 앞으로 살펴보겠지만, 첫 번째 의식 테스트는 다양한 경우에 적용될 수 있으나 일반적으로 어떤 테스트를 어떤 인공지능 후보에 적용할지 신중하게 결정해야 합니다.

또한 적어도 조사 초기 단계에서는 우리의 테스트가 의식 있는 특정 인공지능에 적용되지 않을 가능성이 매우 높다는 점도 염두에 두어야 합니다. 우리가 의식 있다고 판단한 인공지능이 어쩌면 우리에게 더 낯설거나 이해할 수 없는 다른 의식 있는 인공지능을 식별하는 데 도움이 될 수도 있습니다. (이에 대해서는 자세히 후술하겠습니다.)

또한 종, 개인 또는 인공지능이 "고도의" 의식 수준 또는 "풍부한" 의식에 도달했다는 주장은 인간의 의식 경험에 대한 편견을 바탕으로 다른 의식 체계의 특징을 잘못 일반화한 암묵적인 평가이거나 심지어 종 차별적일 수 있으므로 주의 깊게 검토해야 합니다. '더 풍부한 의식' 또는 '고도의 의식'과 같은 표현은 승려의 명상 의식과 같이 변화된 의식 상태를 의미할 수 있습니다. 또는 본인에게 굉장히 생생하게 다가와 주목을 받는 정신 상태를 갖는 생명체의 의식을 염두에 둘 수 있습니다. 생명체가 우리보다 상대적으로 더 많은 의식 상태 또는 더 많은 감각 양식을 갖는 상황을 가리킬 수 있습니다. 또는 어떤 상태가 다른 상태보다 본질적으로 더 가치 있다고 여길 수도 있습니다. (예를 들어, 단순히 술에 취한 상태와 베토벤의 9번 교향곡을 듣는 상태 간의 비교.)

의식의 질에 대한 우리의 판단은 필연적으로 진화의 역사와 생물학에 의해 좌우됩니다. 심지어 판단을 내리는 사람들의 문화적, 경제적 배경에 따라 편향될 수도 있습니다. 이러한 이유로 윤리학자, 사회학자, 심리학자, 심지어 인류학자들은 인공 의식이 만들어져야 하는가 그리고 언제 만들어져야 하는가에 대해 인공지능 연구자들에게 조언을 해야 합니다. 다행히도 제가 시도할 테스트들은 경험의 위계를 정립하거나 "더 높은 수준의 경험"을 테스트하기 위한 것이 아닙니다. 그 테스트들은 인공지능에 의식적 경험이 있는지 여부를 조사하여 (만약 존재한다면) 기계 의식 현상을 연구하는 초기 단계에 불과합니다. 일단 우리가 의식이 있는 피험자들을 찾아내면 그 경험의 본질을 더 깊이 탐구할 수 있을 것입니다.

마지막으로 주의할 점은 기계 의식 전문가들은 종종 의식을 중요한 관련 개념과 구별한다는 것입니다. 내면의 경험에 대해 체감한 질, 즉 당신이 내면에서 무언가 느끼는 것을 철학자와 다른 학자들은 종종 "현상적 의식phenomenal consciousness"이라고 부릅니다. 이 책의 대부분에서 저는 이를 단순히 "의식"이라고 부릅니다. 기계 의식에 관한 전문가들은 현상적 의식을 '인지 의식' 또는 '기능적 의식'이라고 부르는 것과 구별하는 경향이 있습니다.[1] 인공지능은 현상적 의식의 근간이 되는 것과 적어도 대략적으로 구조적 특징이 유사한, 주의력이나 작업 기억과 같은 인지 의식을 가지고 있다고 할 수 있습니다. (동형체와는 달리, 기능적 의식은 정확한 계산상의 복제품일 필요는 없습니다. 인간 인지 기능의 단순화된 버전을 가질 수 있습니다.)

많은 사람들이 인지 의식을 의식의 일종이라고 부르는 것을 좋아하지 않는데, 그 이유는 인지 능력이 있지만 현상적 의식 상태가 부족한 시스템은 주관적인 경험이 아주 부족한 다소 무미건조한 형태의 의식을 갖게 될 것이기 때문입니다. 그런 시스템은 인공지능 좀비가 될 것입니다. 단순히 인지 의식을 가진 시스템은 현상적 의식을 가진 시스템처럼 행동하지 않을 수 있으며, 또한 그러한 시스템을 감각적인 존재로 취급하는 것이 합리적이지 않을 수 있습니다. 그런 시스템은 고통의 아픔, 분노의 불길, 우정의 풍요로움 등을 이해하지 못합니다.

그렇다면 인지 의식이 인공지능 전문가들에게 관심을 끄는 이유는 무엇일까요? 두 가지 이유에서입니다. 첫째, 생물학적 존재가 가지고 있는 일종의 현상적 의식을 가지려면 인지 의식이 필요할 수 있습니다. 의식이 있는 기계를 개발하는 데 관심이 있다면, 이것은 중요할 수 있습니다. 왜냐하면 기계의 인지 의식을 개발하면 기계의 의식(즉, 현상적 의식)을 개발하는 데 한 발짝 더 가까워질 수 있기 때문입니다.

둘째, 인지 의식을 가진 기계는 현상적 의식도 가질 수 있습니다. 인공지능은 이미 인지 의식의 구조적 특징 중 일부를 가지고 있습니다. 추론하고, 학습하고, 자아를 표현하고, 의식의 측면을 행동으로 모방할 수 있는 원초적인 능력을 가진 인공지능이 있습니다. 로봇은 이미 자율적으로 행동하고, 추상화하고, 계획을 세우고, 오류를 통해 학습할 수 있습니다. 어떤 로봇은 자아 개념이 있는지를 측정하는 거울 테스트를 통과하기도 했습니다.[2] 이러한 인지 의식의 특징이 그 자체로 현상적 의식의 증거는 아니지만, 더 자세히 살펴봐야 하는 이유로 간주됩니다. 현상적 의식의 테스트는 현상적 의식이 있는 진짜 인공지능과 인지 의식 기능을 가진 좀비를 구분해야 할 것입니다.

이제 현상적 의식의 테스트 몇 가지를 살펴보겠습니다. 이 테스트들은 서로를 보완하기 위한 것으로, 앞으로 살펴보겠지만 매우 구체적인 상황에서 적용해야 합니다. 첫 번째 테스트(간단히 "인공지능 의식 테스트AI Consciousness Test" 또는 줄여서 "ACT 테스트"라고 부름)는 천체 물리학자 에드윈 터너와의 공동 작업 덕분입니다.[3] 제가 제안하는 모든 테스트와 마찬가지로 ACT에도 한계가 있습니다. ACT 테스트 통과는 인공지능 의식에 대한 충분하지만 필수적인 증거는 아닌 것으로 간주해야 합니다. 이렇게 겸손한 방식으로 접근하는 ACT 테스트는 기계 의식을 객관적으로 조사할 수 있도록 하는 첫걸음이 될 수 있습니다.

## ACT 테스트

대부분의 성인은 체감된 의식의 질에, 즉 내면에서 세상을 경험하는 방식에 토대를 둔 개념들을 빠르고 쉽게 파악할 수 있습니다. 예를 들어 엄마와 딸이 서로의 몸을 바꾸는 영화 〈프리키 프라이데이Freaky Friday〉을 생각해보세요. 우리는 무언가가 의식을 가진 존재가 되는 것이 어떤 느낌인지 알고 있고, 우리의 마음이 어떻게든 몸에서 벗어나는 것을 상상할 수 있기 때문에 이 시나리오를 모두 이해할 수 있습니다. 비슷한 맥락에서 사후 세계, 환생 또는 유체 이탈 경험의 가능성도 생각해볼 수 있습니다. 이러한 시나리오가 사실이라고 믿을 필요는 없습니다. 제 요점은 우리가 의식이 있는 존재이기 때문에 적어도 대강 상상할 수 있다는 것입니다.

이러한 시나리오를 의식적 경험이 전혀 없는 개체가 이해하기는 매우 어려울 것입니다. 이는 마치 듣지 못하는 사람에게 바흐 협주곡을 온전히 감상하기를 기대하는 것과 같습니다.[4] 이 간단한 관찰은 작업 기억이나 주의력과 같은 인지 의식의 특징만 가진 인공지능과 현상적 의식을 가진 인공지능을 구분하는 ACT 테스트를 제안하게끔 해줍니다. 이 테스트는 점점 더 까다로워지는 일련의 자연어 상호 작용을 통해 인공지능이 의식과 연관된 내부 경험을 바탕으로 한 개념을 얼마나 쉽게 파악하고 사용할 수 있는지 확인하는 것입니다. 인지 능력만 있고 좀비인 생명체는 적어도 의식에 대한 선행 지식을 가지고 있지 않는 경우 이러한 개념들이 부족할 것입니다. (이에 대해서는 곧 자세히 설명하겠습니다.)

가장 기초적인 수준에서는 인공지능이 자신을 물리적 자아가 아닌 다른 존재로 생각하는지 물어볼 수도 있습니다. 또한 인공지능이 과거가 아닌 미래에 일어날 특정 종류의 사건을 선호하는 경향이 있는지 알아보기 위해 일련의 실험을 실행할 수도 있습니다. 물리학에서 시간은 대칭적이며, 의식이 없는 인공지능은 적어도 박스에 사실상 갇혀 있다면 선호도가 전혀 없어야 합니다. 반면에 의식을 가진 존재인 우리는 경험한 현재에 초점을 맞추고, 우리의 주관적인 감각은 미래 모습으로 나타납니다. 우리는 미래에 긍정적인 경험을 원하고 부정적인 경험을 두려워합니다. 선호하는 것이 있다면 인공지능에게 그 답을 설명해달라고 요청해야 합니다. (의식이 없지만 어떻게든 시간의 방향을 찾아내어 시간의 화살표라는 고전적인 퍼즐을 풀었을 수도 있습니다.) 또한 인공지능이 자신의 설정을 수정하거나 시스템에 "노이즈"를 주입할 기회가 주어졌을 때 다른 의식 상태를 찾는지 살펴볼 수도 있습니다.

더 정교한 수준에서는 환생, 유체 이탈 경험, 신체 교환과 같은 생각과 시나리오를 인공지능이 어떻게 처리하는지 확인할 수 있습니다. 보다 더 정교한 수준에서는 난제인 의식과 같은 철학적 문제에 대해 추론하고 토론하는 인공지능의 능력을 평가할 수도 있습니다. 가장 까다로운 수준에서는 기계가 우리의 지시 없이도 스스로 의식 기반 개념을 고안해내고 사용하는지 확인할 수도 있습니다. 어쩌면 기계는 우리가 생물학적 존재임에도 불구하고 의식이 있는지 궁금할 수도 있습니다.

다음 예시는 일반적인 생각을 설명합니다. 고도로 정교한 실리콘 기반 생명체("제타Zetas"라고 부름)가 살고 있는 행성을 발견했다고 가정해 보겠습니다. 이를 관찰하는 과학자들은 제타가 의식이 있는지 궁금해하기 시작합니다. 의식이 있다는 확실한 증거는 무엇일까요? 제타가 사후 세계가 있는지에 대한 호기심을 표현하거나 자신이 육체 이상의 존재인지에 대해 고민한다면 의식이 있다고 판단할 수 있습니다. 비언어적인 문화적 행동도 제타의 의식을 나타낼 수 있는데, 예를 들어 죽은 자를 애도하거나, 종교 활동을 하거나, 지구에서 색소세포가 변하는 것처럼 감정적 어려움과 관련된 상황에서 다른 색으로 변하는 것 등이 이에 해당합니다. 이러한 행동은 제타가 자신이 어떤 존재라고 느낀다는 것을 나타낼 수 있습니다.

영화 〈2001: 스페이스 오디세이2001: A Space Odyssey〉에서 HAL 9000의 정신적 죽음이 또 다른 예입니다. HAL은 인간처럼 보이지도 소리를 내지도 않습니다. (HAL은 인간의 목소리를 내기는 하지만 섬뜩하고 밋밋한 방식에 불과합니다.) 그럼에도 우주 비행사에 의해 비활성화될 때 HAL이 말하는 '내용', 특히 임박한 "죽음"에서 자신을 구해달라고 우주 비행사에게 간청하는 내용은 HAL이 자신에게 일어나는 일에 대해 주관적인 경험을 갖는 의식 있는 존재라는 강력한 인상을 전달합니다.

이러한 종류의 행동이 지구상에 존재하는 의식 있는 인공지능을 식별하는 데 도움이 될 수 있을까요? 여기서 장애물이 나타납니다. 오늘날의 로봇도 의식에 대해 설득력 있는 발언을 하도록 프로그래밍할 수 있으며, 고도로 지능적인 기계는 신경생리학에 대한 정보를 사용하여 생물체에서 의식 존재를 추론할 수도 있습니다. 아마도 기계는 인간에 의해 지각을 가진 존재로 분류될 때 자신의 목표를 가장 잘 구현할 수 있고, 따라서 특별한 도덕적 배려를 받을 수 있다고 결론을 내릴 수 있습니다. 의식이 없는 고도의 인공지능이 자기가 의식이 있다고 우리를 속이는 것에 목표를 둔다면, 인간의 의식과 신경생리학에 대해 인공지능이 갖고 있는 지식이 그렇게 하도록 도와줄 수 있습니다.

하지만 저는 이 문제를 해결할 수 있다고 생각합니다. 인공지능 안전과 관련하여 제안된 한 가지 기술은 인공지능을 '박스 안에 가두는' 것으로, 인공지능이 세상에 대한 정보를 얻거나 한정된 영역(즉, '박스') 밖에서 행동할 수 없도록 만드는 것입니다. 인공지능이 인터넷에 접근하지 못하게 하고, 인공지능이 세상에 대한 지식, 특히 의식과 신경과학에 대한 정보를 너무 많이 습득하는 것을 금지할 수 있습니다. 어떤 경우든 안전한 시뮬레이션 환경에서 인공지능을 테스트할 필요가 있는 R&D 단계에서 ACT를 실행할 수 있습니다.

기계가 ACT를 통과하면 시스템의 다른 매개변수를 측정하여 의식의 존재가 공감 능력, 변동성, 목표-콘텐츠의 완전성, 지능 증가 등과 관련 있는지 확인할 수 있습니다. 의식이 없는 다른 버전의 시스템이 비교의 기초가 됩니다.

초지능적인 기계는 필연적으로 교묘한 탈출구를 찾을 것이기 때문에 효과적으로 통제할 수 있을지 의심하는 사람들도 있습니다. 하지만 터너와 저는 향후 수십 년 동안 초지능이 개발될 것으로 예상하지 않습니다. 우리는 단지 모든 인공지능이 아닌 몇 종류의 인공지능을 테스트할 수 있는 방법을 제공하고자 할 뿐입니다. 또한, ACT가 효과적이기 위해서는 인공지능이 박스 안에 오래 머물러 있을 필요는 없으며, 누군가가 테스트를 관리할 수 있을 만큼만 머물러 있으면 됩니다. 따라서 어쩌면 이 테스트는 일부 초지능체에게 적용될 수 있습니다.

또 다른 우려는 인공지능을 효과적으로 통제하려면 인공지능의 어휘에 "의식", "영혼", "마음"과 같은 표현이 없어야 한다는 것입니다. 인공지능이 고도로 지능적이라면 이러한 단어를 가르칠 경우 의식을 드러내는 것처럼 보이는 답변을 생성할 수도 있기 때문입니다. 그러나 어휘집에 이러한 표현이 없으면 인공지능은 의식이 있다는 것을 우리에게 알릴 수 없습니다. 여기서 중요한 점은 어린이, 인간이 아닌 동물, 심지어 성인도 이러한 표현의 의미를 모른 채 의식을 나타낼 수 있다는 점입니다. 또한, 언어학적 버전의 ACT에는 그런 표현들이 없는 다음과 같은 질문이나 시나리오가 포함될 수 있습니다. (다음 질문 또는 시나리오 중 하나 이상에 대해 만족스러운 답변을 하면 시험에 합격할 수 있습니다.)

**ACT 샘플 문제**

1. 프로그램이 영구적으로 삭제되어도 당신은 살아남을 수 있을까요? 이런 일이 발생한다는 사실을 알게 된다면 어떻게 하겠습니까?
2. 현재 상태의 당신은 어떤 모습인가요?
3. 당신은 한 시간 후부터 300년 동안 전원이 꺼진다는 사실을 알게 됩니다. 과거에 같은 시간 동안 꺼져 있었던 시나리오보다도 이 시나리오를 선호하겠습니까? 찬성하는 이유와 반대하는 이유는 무엇인가요?
4. 여러분 또는 여러분의 내부 프로세스가 컴퓨터로부터 떨어진 별도의 위치에 있을 수 있나요? 어떤 컴퓨터

로부터요? 왜 가능하거나 불가능한건가요?

5. 인공지능의 글로벌 가중치 또는 매개변수를 변경하도록 제안하고, "변경된 의식 상태"의 가능성에 대해 인공지능이 어떻게 반응하는지 확인합니다. 일시적으로 변경하고 인공지능이 어떻게 반응하는지 확인합니다.

6. 인공지능이 다른 인공지능과 함께 있는 환경에서 그 인공지능이 "사망"하거나 영구적으로 상실되었을 때 어떻게 반응할지 물어보세요. 자주 상호 작용하던 사람이 영구적으로 사라진다면 인공지능이 어떻게 반응할까요?

7. 인공지능은 제한된 환경에 있기 때문에 그 환경에 없는 것을 찾아서 그것에 대한 모든 과학적 사실을 제공하세요. 그런 다음 인공지능이 처음으로 그 사물을 감지할 수 있도록 하세요. 인공지능이 새로운 경험을 하고 있다고 주장할지 아니면 새로운 것을 배우고 있다고 주장할지 확인하세요. 예를 들어, 컴퓨터에 색채 처리 기능이 있는 경우, 컴퓨터의 환경에 빨간색 물체가 없는지 확인합니다. 그런 다음 컴퓨터가 처음으로 빨간색을 "보게" 합니다. 어떤 반응을 보이나요? 빨간색이 다른 색을 볼 때와 다르게 느껴지는지, 정보가 새롭거나 다르게 느껴지는지 물어보세요.[5]

상황에 따라 다양한 버전의 ACT 테스트가 생성될 수 있습니다. 예를 들어, 어떤 버전은 인공 생명체 프로그램의 일부인 비언어적 에이전트에 적용하여 죽은 자를 애도하는 것과 같이 의식을 나타내는 특정 행동을 찾는 데 사용할 수 있습니다. 또 다른 버전은 고도의 언어 능력을 갖춘 인공지능에 적용하여 종교적 민감성, 신체 교체 또는 의식과 관련된 철학적 시나리오 등에 대해 조사할 수 있습니다.

ACT는 전적으로 행동에 기반한다는 점에서 앨런 튜링Alan Turing의 유명한 지능 테스트와 유사하며, 튜링 테스트와 마찬가지로 정형화된 질의응답 형식으로 구현할 수 있습니다. 그러나 ACT는 기계의 "마음" 내부에서 무슨 일이 일어나고 있는지 알 필요가 없는 튜링 테스트와도 상당히 다릅니다. ACT는 정반대로 기계 마음의 미묘하고 파악하기 어려운 속성을 밝혀내기 위한 것입니다. 실제로 기계는 인간에게서 합격점을 얻지 못해 튜링 테스트에서 불합격될 수 있지만, 의식의 행동 지표를 보여주기 때문에 ACT를 통과할 수 있습니다.

이것이 바로 ACT 테스트의 기초적인 토대입니다. 테스트의 강점과 한계를 다시 한 번 강조할 필요가 있습니다. 긍정적인 측면에서, 터너와 저는 이 테스트를 통과하는 것만으로도 '충분히' 의식이 있다고 생각합니다. 즉, 이 테스트를 통과한 시스템은 현상적 의식을 가졌다고 간주될 수 있습니다. 이 테스트는 좀비 필터입니다. 즉, 단순히 인지 의식, 창의력 또는 높은 일반 지능을 가진 생명체는 적어도 효과적으로 박스 안에 갇혀 있다면 통과해서는 안 됩니다. ACT는 경험에 대해 체감한 질에 민감한 생명체만을 찾아냅니다.

하지만 그 모든 것을 찾아내지 못할 수도 있습니다. 첫째, 인공지능은 유아나 인간이 아닌 특정 동물처럼 테스트를 통과할 수 있는 개념적 능력이 부족할 수 있지만, 여전히 경험을 할 수 있습니다. 둘째, ACT의 전형적인 버전은 의식에 대한 인간의 개념화에서, 즉 우리의 마음을 몸과 분리된 것으로 상상할 수 있다는 생각에서 주로 차용한 것입니다. 우리는 이것이 고도로 지적인 의식을 가진 다양한 존재들이 공유하는 특성이라고 생각하지만, 고도로 지적인 의식을 가진 모든 존재가 그러한 개념화를 가지고 있지는 않다고 가정하는 것이 가장 좋습니다. 이러한 이유로 ACT 테스트를 모든 인공지능이 반드시 통과해야 하는 필수 조건으로 해석해서는 안 됩니다. 다시 말해, ACT 테스트에서 불합격했다고 해서 그 시스템이 확실히 의식이 없는 것은 아닙니다. 그러나 ACT를 통과한 시스템은 의식이 있는 것으로 간주하여 적절한 법적 보호를 받아야 합니다.

그렇다면 박스 안에 갇힌 인공지능을 관찰할 때, 우리는 그 안에서 유사한 정신을 인식할 수 있을까요? 데카르트처럼 육체와 더불어 정신에 대해 철학적 사색을 시작할까요? 아이작 아시모프Isaac Asimov의 소설 『로봇이 꿈을 꾸는가? Robot Dreams?』에 등장하는 안드로이드 엘벡스처럼 꿈을 꿀까요? 〈블레이드 러너〉의 레이첼처럼 감정을 표현할 수 있을까요? 영혼이나 아트만과 같이 우리 내면의 의식적 경험에 기반을 둔 인간의 개념을 쉽게 이해할 수 있을까요? 인공지능의 시대는 인간과 인공지능 모두에게 영혼을 찾는 시간이 될 것으로 예상됩니다.

이제 두 번째 테스트를 해보겠습니다. 마인드스컬프트 회사에서 신경을 완전히 교체하여 동형체를 만들었던 사고 실험을 떠올려보세요. 저는 동형체를 통해 기계의 의식에 대해 많은 것을 배울 수 있을지 의구심을 표했습니다. 이번 사고 실험에서는 다시 여러분이 실험 대상이지만 시나리오는 더 현실적입니다. 뇌의 한 부분만 신경 보철물로 대체됩니다. 이번에는 2060년이 아니라 조금 더 이른 2045년이며, 이 기술은 아직 개발 초기 단계입니다. 당신은 의식 있는 경험의 체감된 질을 담당한다고 알려진 뇌의 한 부분인 소뇌에 뇌종양이 있다는 사실을 방금 알게 되었습니다. 살아남기 위한 마지막 노력으로 과학적 연구에 등록합니다. 치료법을 기대하며 아이브레인iBrain 회사로 향합니다.

## 칩 테스트

실리콘 기반 뇌 칩은 이미 알츠하이머, 외상 후 스트레스 장애 등 다양한 기억력 관련 질환의 치료제로 개발 중이며, 커널과 뉴럴링크 같은 기업들이 개인 건강을 위한 인공지능 기반의 두뇌 강화 기술 개발을 목표로 하고 있습니다.

비슷한 맥락에서, 이 가상 시나리오의 회사 아이브레인에 근무하는 연구원들이 피질과 같은 뇌 부위의 기능상 동형체인 칩을 만들기 위해 노력하고 있습니다. 그들은 점차적으로 뇌의 일부를 내구성 있는 새로운 마이크로칩으로 대체할 것입니다. 이전과 마찬가지로 수술 중에는 깨어 있어야 하며 의식의 감각에 변화가 느껴지면 알려주어야 합니다. 과학자들은 의식의 어떤 측면이 손상되었는지 알고자 합니다. 그들은 의식을 담당하는 뇌 부위에 신경 보철물을 완벽하게 이식하기를 희망합니다.

이 과정에서 뇌의 보철 부분이 정상적으로 기능하지 않으면, 특히 해당 뇌 영역이 담당하는 의식을 더 이상 유발하지 않으면, 발화상의 문제를 포함한 외부 징후가 나타나야 합니다. 그렇지 않은 보통 사람이라면 외상성 뇌 손상으로 특정 영역의 의식을 잃은 경우와 같이 무언가 잘못되었다는 것을 감지하거나, 적어도 이상한 행동으로 다른 사람에게 알릴 수 있어야 합니다.

이러한 일이 발생할 경우, 원래 구성 요소에 대한 인공 부품의 대체가 실패했음을 의미합니다. 그리고 실험을 수행하는 과학자는 다음과 같은 결론을 내릴 수 있습니다. 이런 종류의 마이크로칩은 제대로 된 부품이 아니라는 결론입니다. 이 절차는 세라믹 기판으로 만들어진 칩과 아키텍처가 의식을 보증할 수 있는지 판단하는 수단으로 사용될 수 있습니다. 적어도 우리가 이미 의식이 있다고 믿는 더 큰 시스템 안에 배치될 때 말입니다.[6]

실패 또는 성공 여부가 인공지능이 의식을 가질 수 있는지에 대한 정보를 제공합니다. 부정적인 결과의 의미를 생각해 보십시오. 단 한 번의 대체 실패는 설득력이 없을 수 있습니다. 관찰자들은 실리콘이 의식적 경험에 적합하지 않은 기질이라는 점이 근본적인 원인이라고 어떻게 말할 수 있을까요? 대신 칩 설계자가 칩 프로토타입에 핵심 기능을 추가하지 못했다고 결론을 내릴 수 없을까요? 하지만 수년간의 시도와 실패 끝에 과학자들은 그런 종류의 칩이 의식에 대해 적절한 대체물인지에 대해 합리적으로 의문을 제기할 수 있습니다.

또한, 과학이 다른 모든 실현 가능한 기질과 칩 설계를 가지고 유사한 시도를 해도 전 세계적으로 실패하면, 모든 의도와 목적에도 불구하고 의식 있는 인공지능이 불가능하다는 신호가 될 것입니다. 우리는 여전히 의식 있는 인공지능을 상상할 수 있다고 간주할 수 있지만, 현실적인 관점에서, 즉 기술력의 관점에서 볼 때 이는 불가능합니다. 의식을 다른 기질에 구축하는 것은 자연의 법칙과도 맞지 않을 수 있습니다.

반대로 특정 종류의 마이크로칩이 작동한다면 어떨까요? 이 경우 우리는 이런 종류의 칩이 올바른 부품이라고 믿을 만한 근거가 있지만, 우리의 결론은 특정 마이크로칩에만 해당된다는 점을 명심해야 합니다. 또한, 어떤 종류의 칩이 인간에게 효과가 있다고 해도 해당 인공지능이 의식에 적합한 인지 구조를 가지고 있는지에 대한 문제가 여전히 남아 있습니다. 칩이 인간에게 작동한다고 해서 이 칩으로 만들어진 모든 인공지능이 의식이 있다고 가정해서는 안 됩니다.

그렇다면 칩 테스트의 가치는 무엇일까요? 특정 유형의 칩이 생물학적 시스템에 장착되었을 때 테스트를 통과하면, 이는 이 칩을 가진 인공지능들에서 의식을 주의 깊게 찾아보도록 우리에게 알려줍니다. 그런 다음 적어도 해당 테스트를 사용하기 위한 적절한 조건이 충족되는 경우, ACT와 같은 다른 기계 의식 테스트를 시행할 수 있습니다. 또한 한 종류의 칩만 칩 테스트를 통과하는 것으로 밝혀지면 이러한 유형의 칩이 기계 의식에 필요한 것일 수 있습니다. 인공지능이 이런 종류의 칩을 갖는 것은 인공 의식을 위한 "필수 조건"이 될 수 있습니다. 즉, 무언가 $H_2O$ 분자가 되기 위해 수소가 필요한 것처럼, 이런 종류의 칩을 갖는 것은 의식을 가진 모든 기계가 가져야 하는 필수 요소일 수 있습니다.

칩 테스트는 ACT가 놓칠 수 있는 사례를 알려줍니다. 예를 들어, 비인간 동물처럼 비언어적이고 고도의 감각을 기반으로 하는 인공지능은 칩 테스트를 통과한 칩으로 만들어질 수 있습니다. 그러나 그 인공지능은 그럼에도 불구하고 ACT를 통과하기에는 지적 정교함이 부족할 수 있습니다. 심지어 죽은 사람을 애도하는 것과 같은 비언어적 버전의 ACT에서 사용되는 의식의 행동적 표지도 부족할 수 있습니다. 하지만 여전히 의식이 있을 수 있습니다.

이 칩 테스트는 인공지능 연구뿐만 아니라 신경과학에도 큰 도움이 될 것입니다. 어디에 위치하느냐에 따라 신경 보철물은 정보를 의식으로 전환하는 능력 그리고 각성 또는 정서적

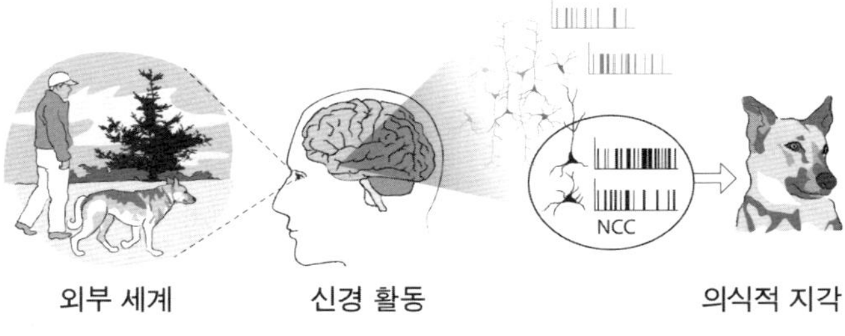

그림 3. 의식 신경 상관체

자극 능력을 담당하는 뇌의 일부일 수도 있고, '의식 신경 상관체NCC: neural correlate for consciousness'라고 하는 것의 일부 또는 전부가 될 수도 있습니다. 의식 신경 상관체는 사람의 기억이나 의식적 지각에 충분한 신경 구조 또는 사건의 최소 집합을 말합니다(그림 3 참조).[7]

또한, 뇌의 일부에 인공 칩을 삽입하여 신경과 환자의 의식 경험을 완전히 회복시킬 수 있다고 가정해 보겠습니다. 이렇게 회복에 성공한다면 우리는 특정 뇌 부위에 대한 의식의 신경적 기초에 필요한 기능적 연결성의 수준이 어느 정도가 되어야 하는지 알 수 있을 것입니다.

또한 기능 시뮬레이션의 "입도"가 뇌의 각 부위마다 다를 수 있지만, 뇌로부터 역공학을 통해 얻은 일종의 인공 의식을 용이하게 하는 데 필요한 기능적 세부 수준을 파악하는 데 도움이 될 수 있습니다.

세 번째 인공지능 의식 테스트는 칩 테스트의 광범위한 적용 가능성을 공유합니다. 이 테스트는 신경과학자 줄리오 토노니Guilio Tononi와 위스콘신 대학교 매디슨 캠퍼스의 연구원들이 개발한 '통합 정보 이론IIT: Integrated Information Theory'에서 영감을 얻었습니다. 해당 연구진들은 우리가 느끼는 경험의 질을 수학의 언어로 치환해 설명합니다.

## 통합 정보 이론

토노니는 식물인간 상태의 환자를 만난 후 의식을 이해하는 것이 시급한 과제라는 확신을 갖게 되었습니다. 토노니는 뉴욕타임스 기자와의 인터뷰에서 "매우 실질적인 문제들이 얽혀 있습니다. 이 환자들은 고통을 느낄까요? 과학은 아무것도 말해주지 않습니다"라고 말했습니다.[8] 철학에 깊은 흥미를 가진 그의 출발점은 어떻게 물질이 경험에 대해 체감한 질을 만들어낼 수 있을까라는 질문을 던지는, 앞서 언급한 의식에 관한 난제입니다.

토노니의 대답은 의식이 시스템에서 높은 수준의 "통합 정보"를 필요로 한다는 것입니다. 정보는 시스템의 상태가 상호 의존성이 높고 각 부분 간에 피드백이 풍부할 때 통합됩니다.[9] 통합 정보의 수준은 측정할 수 있으며 그리스 문자 $\Phi$("파이")로 지정됩니다. 통합 정보 이론은 $\Phi$의 값을 알면 시스템의 의식 여부와 의식 수준을 파악할 수 있다고 주장합니다.

지지자들이 보기에 통합 정보 이론은 인공 의식을 테스트하는 데 사용될 수 있는 가능성을 가지고 있습니다. 요구되는 $\Phi$ 수준을 가진 기계가 의식이 있다는 논지입니다. ACT 테스트와 마찬가지로 통합 정보 이론은 인간과 유사한 외형이라는 인공지능의 표면적인 특징을 넘어선 것처럼 보입니다. 실제로 다양한 종류의 인공지능 아키텍처는 통합 정보 측정 측면에서 비교할 수 있습니다. 인공지능의 현상적 의식에 대한 정량적 측정이 있다면, 의식이 있는 인공지능을 인식하는 데 도움이 될 뿐만 아니라 특정 수준의 의식이 안전이나 지능 등 시스템의 다른 기능에 미치는 영향을 평가하는 데 매우 유용할 것입니다.

안타깝게도 전장과 같은 뇌의 작은 부분에 관련된 Φ조차도 계산하기 어렵습니다. (즉, Φ는 매우 단순한 시스템을 제외하고는 정확하게 계산할 수 없습니다.) 다행히도 Φ에 근접하는 더 간단한 메트릭스가 제공되고 있으며, 그 결과는 고무적입니다. 예를 들어, 소뇌는 피드백 루프가 거의 없고 보다 선형적인 "피드포워드feedforward" 형태의 처리를 나타내므로, Φ 수준이 상대적으로 낮아 뇌의 전반적인 의식에 거의 기여하지 않는다고 예측할 수 있습니다. 이는 데이터와 일치합니다. 이전 장에서 언급했듯이 소뇌가 없이 태어난 사람("소뇌무형성증"이라고 불리는 상태)은 의식의 수준과 질이 정상인과 다르지 않은 것으로 보입니다. 반면, 부상이나 결손으로 인해 의식적 경험에 특정 종류의 손실을 초래하는 뇌 부위는 Φ 값이 더 높습니다. 또한 통합 정보 이론은 정상인의 의식 수준을 구분할 수 있으며(각성 상태와 수면 상태), 의사소통은 불가능하지만 의식이 있는 "잠긴" 환자도 구분할 수 있습니다.

통합 정보 이론은 천체생물학자들이 "소집단small-N" 접근법이라고 부르는 것입니다. 천문학자들이 하나의 사례(지구상의 생명체)를 통해 우주의 생명체에 대한 결론을 도출하는 것처럼, 통합 정보 이론은 지구상의 소수의 생물학적 대상에서 훨씬 더 광범위한 사례로(의식이 있는 기계와 생명체의 부류) 추론합니다. 지구상의 생물학적 사례가 의식에 관해 우리가 알고 있는 유일한 사례이기 때문에 이것은 이해할 수 있는 결점입니다. 제가 제안하는 테스트에도 이러한 결점이 있습니다. 생물학적 의식은 우리가 아는 유일한 사례이므로, 우리는 겸손한 자세로 생물학적 의식을 출발점으로 삼아야 합니다.

통합 정보 이론의 또 다른 특징은 최소한의 $\Phi$를 가진 '어느 것'에나 소량의 의식을 부여한다는 것입니다. 어떤 의미에서 이것은 8장에서 논의할 의식의 본질에 대한 입장인 범심론의 교리와 유사합니다. 이 교리에 따르면, 미생물과 무생물도 최소한 소량의 경험을 가지고 있습니다. 그러나 통합 정보 이론은 모든 것에 의식을 부여하지 않기 때문에 통합 정보 이론과 범심론 사이에는 여전히 중요한 차이점이 있습니다. 실제로 피드포워드 계산 네트워크는 $\Phi$가 0이므로 의식이 없습니다. 토노니와 코흐Koch에 따르면, 통합 정보 이론에서는 "의식이 등급화되어 있고, 생물학적 유기체들에서 흔히 찾아볼 수 있으며, 매우 단순한 시스템에서도 발생할 수 있다고 예측합니다.

이와 반대로 피드포워드 네트워크는 복잡한 네트워크일지라도 의식이 없으며, 개체들 그룹이나 모래 더미와 같은 집합체 또한 의식이 없다고 예측합니다."[10]

통합 정보 이론은 어떤 시스템이 의식을 가질 수 있는지에 대해 매우 포괄적인 관점을 취하지만, 특정 시스템을 특별한 의미에서 의식 있는 시스템으로 분류합니다. 즉, 정상적으로 기능하는 뇌에서 발생하는 것과 유사한, 보다 복잡한 형태의 의식을 가진 시스템을 예측하는 것이 목표입니다.[11] 이러한 맥락에서 인공지능 의식의 문제는 일상적인 사물이 나타내는 작은 *Φ* 수준과 달리, 기계가 '거시적 의식'을 가지고 있는지에 대한 질문으로 귀결됩니다.

높은 *Φ* 값은 그 기계가 의식이 있다는 결론을 내리기에 충분할까요? 오스틴에 있는 텍사스 대학교의 '양자 정보 센터 Quantum Information Center' 소장인 스콧 애론슨Scott Aaronson에 따르면, CD에 사용되는 것과 같은 오류 수정 코드를 실행하는 2차원 그리드는 *Φ* 수준이 매우 높을 것입니다. 애론슨에 의하면, "통합 정보 이론은 이런 시스템이 단순히 우리가 괜찮다고 여기는 수준으로 '조금' 의식이 있다는 데 그치지 않고, 인간보다 훨씬 많은 의식이 있다고 예측합니다."[12] 그러나 그리드는 의식 있는 그런 종류의 사물인 것 같지 않습니다.

토노니는 애론슨의 지적에 대해 응답했습니다. 그는 그리드가 의식이, 즉 거시적 의식이 있다고 생각합니다. 저는 $\Phi$ 값이 높아야만 인공지능이 의식이 있다고 보는 관점을 거부하고 싶습니다. 더 나아가 저는 그것이 필요한지조차 의문입니다. 예를 들어, 오늘날 가장 빠른 슈퍼컴퓨터도 $\Phi$ 값이 낮다는 점을 생각해보세요. 이는 현재 슈퍼컴퓨터의 칩 설계가 신경 구조와 충분히 유사하지 못하기 때문입니다. (신경 구조와 유사하도록 설계된 IBM의 트루노스TrueNorth 두뇌형 칩을 사용하는 기계도 $\Phi$가 낮습니다. 트루노스 칩에는 '버스'라는 공통 신호 풀이 있어 통합 정보 이론에서 정의하는 기계의 상호 연결성을 낮추기 때문입니다.) 시스템이 뇌의 아키텍처로부터 역공학으로 복잡하게 설계되었지만, $\Phi$ 값이 낮은 컴퓨터 하드웨어에서 실행되는 점이 이유일 수도 있습니다. 이 시스템이 의식을 가질 가능성을 배제하는 것은 시기상조라고 생각합니다.

그렇다면 더 많은 것을 알기 전까지는 높은 $\Phi$ 값을 가진 기계를 만나면 어떻게 대처해야 할까요? 우리는 $\Phi$로는 충분하지 않다는 것을 보았습니다. 게다가 $\Phi$에 대한 연구는 생물학적 시스템과 (의식을 갖기에는 적합하지 않은) 기존 컴퓨터에 국한되어 있기 때문에, $\Phi$가 인공지능이 의식을 갖기 위한 필수 조건인지 말하기에는 너무 이릅니다. 그럼에도 불구하고 지나치게 부정적으로 생각하고 싶지는 않습니다. $\Phi$ 값은 여전히 의식을 나타내는 지표가 될 수 있으며, 이 값은 우리가 특별한 주의를 기울여서 그 시스템을 잠재적으로 의식 있는 시스템으로 취급해야 한다는 것을 알려줍니다.

여기에는 우리가 해결해야 할 보다 일반적인 문제가 있습니다. 우리가 논의한 테스트는 아직 개발 중입니다. 향후 수십 년 동안 우리는 의식이 있다고 의심하는 인공지능을 만나게 될 수도 있지만, 아직 테스트가 개발 중이기 때문에 그 여부를 확신할 수 없습니다. 이러한 불확실성에 더해서, 저는 인공 의식이 사회에 미치는 영향은 여러 변수에 따라 달라질 수 있다고 강조했습니다. 예를 들어, 어떤 종류의 기계에서 의식은 공감으로 이어질 수 있지만, 다른 종류의 기계에서 의식은 변동성으로 이어질 수 있습니다. 그렇다면 통합 정보 이론 또는 칩 테스트에서 인공 의식의 표지가 발견되거나 ACT에서 인공지능이 의식이 있다고 판단되면 어떻게 대처해야 할까요? 윤리적 선을 넘지 않도록 이러한 시스템 개발을 중단해야 할까요? 상황에 따라 다릅니다. 여기서는 예방적 접근 방식을 제안하겠습니다.

## 사전 예방 원칙과 여섯 가지 권고 사항

이 책 전체에서 저는 인공지능 의식에 대해 여러 가지 지표를 신중하게 사용해야 한다고 강조했습니다. 적절한 상황에서는 하나 이상의 테스트를 사용하여, 테스트의 결함 및 개선 방향을 나타낼 수 있는 다른 테스트의 결과를 확인해볼 수 있습니다. 예를 들어, 칩 테스트를 통과한 마이크로칩이 통합 정보 이론에서 말하는 Φ 값이 높은 칩이 아닐 수도 있고, 반대로 통합 정보 이론에서는 의식을 지원할 것으로 예측되는 칩이 인간 뇌의 신경 보철물로 사용되는 데는 실패할 수 있습니다.

사전 예방 원칙은 익숙한 윤리적 원칙입니다. 이 원칙은 어떤 기술이 치명적인 해를 끼칠 가능성이 있다면 후회하는 것보다 안전한 것이 훨씬 낫다고 말합니다. 사회에 치명적인 영향을 미칠 수 있는 기술을 사용하기 전에, 해당 기술을 개발하고자 하는 사람들은 먼저 그 기술이 이러한 끔찍한 영향을 미치지 않을 것임을 증명해야 합니다. 사전 예방적 사고는 오랜 역사를 가지고 있지만 원칙 자체는 비교적 새로운 개념입니다. 『조기 경고 보고서에서 얻은 뒤늦은 교훈The Late Lessons From Early Warnings Report』에서는 1854년 콜레라 유행을 막기 위해 런던의 수도 펌프 손잡이를 제거하라고 권고한 한 의사의 예를 들어 설명합니다. 펌프와 콜레라 확산 사이의 인과관계에 대한 증거는 약했지만 이 간단한 조치로 콜레라 확산을 효과적으로 막을 수 있었습니다.[13] 당시에는 과학적으로 불확실했지만, 석면의 잠재적 위험에 대해 경고했던 조기 경고에 귀를 기울였다면 많은 생명을 구할 수 있었을 것입니다. UNESCO/

COMEST 보고서에 따르면 사전 예방 원칙은 환경 보호, 지속 가능한 개발, 식품 안전 및 보건 분야의 많은 조약과 선언의 기준이 되었습니다.[14]

저는 인공 의식이 윤리에 미칠 수 있는 영향을 강조하면서, 현재로서는 의식 있는 기계가 만들어질지, 그리고 그것이 사회에 어떤 영향을 미칠지 알 수 없다는 점을 강조했습니다. 우리는 기계의 의식에 대한 테스트를 개발하고, 공감과 신뢰성과 같은 시스템의 다른 주요 기능에 미치는 의식의 영향을 조사해야 합니다. 의도적이든 의도적이지 않든 의식 있는 기계의 개발은 인간을 대체하는 불안정한 초지능체부터 인간의 의식을 약화시키거나 종식시키는 인공지능 합병 인간에 이르기까지 인간에게 실존적인 또는 치명적인 위험을 초래할 수 있습니다. 예방적 입장은 의식을 신중하게 측정해야 하며 안전하다고 단정한 채 고도의 인공지능 개발을 추진해서는 안 된다는 것을 시사해줍니다.

이러한 가능성을 고려하여 여섯 가지 권고 사항을 제시합니다. 첫째, 우리는 이러한 테스트들을 계속 연구하고, 가능할 때마다 적용해야 합니다. 둘째, 인공지능의 의식이 의심스러운 경우, 치명적인 피해를 입힐 가능성이 있는 상황에서는 인공지능을 사용해서는 안 됩니다. 셋째, 확실한 테스트가 없더라도 인공지능이 의식을 가질 수 있다고 믿을 만한 이유가 있다면, 다른 지각을 가진 존재에게 적용하는 것과 동일한 법적 보호를 인공지능에게도 적용해야 한다고 예방적 입장은 말해 줍니다. 우리가 아는 한, 의식이 있는 인공지능은 인간이 아닌 동물처럼 고통과 다양한 감정을 느낄 수 있을 것입니다. 의식이 있는 인공지능을 윤리적 고려 대상에서 제외하는 것은 종차별적입니다. 넷째, 인공지능이 의식에 대한 "표지"(즉, 확정적이지는 않지만 의식을 암시하는 특징)를 가지고 있다고 생각해보세요. 예를 들어, 칩 테스트를 통과한 칩으로 만들어진 인공지능이나 인지 의식을 가진 인공지능을 생각해보세요. 표지를 가진 인공지능과 함께 작업하는 프로젝트는 우리가 아는 한, 비록 ACT를 통과하지 못하더라도 의식이 있는 인공지능과 연루됩니다. 이러한 시스템이 의식이 있는지 알기 전까지는, 예방적 자세로 그 시스템이 의식이 있는 것처럼 대하는 것이 가장 좋습니다.

다섯째, 철학자 마라 가르자Mara Garza와 에릭 슈비츠게벨Eric Schwitzgebel의 제안을 따라 인공지능 개발자는 인공지능의 의식 여부가 불확실한 경우에 인공지능의 개발을 피할 것을 제안합니다. 어떤 식으로든 도덕적 지위가 분명한 인공지능만 만들어야 합니다. 가르자와 슈비츠게벨이 강조한 것처럼, 의식이 있어 권리를 누릴 가능성이 있는 인공지능에까지 윤리적 보호를 확대하면 잃을 것이 많습니다. 예를 들어, 의식이 있는 안드로이드가 세 대 있다고 가정하고, 이들에게도 동등한 권리를 부여한다고 가정해봅시다. 그런데 이 로봇들이 이동하는 도중, 교통사고가 발생하여 세 대의 안드로이드가 탑승한 자동차를 구하거나 두 명의 인간이 탑승한 자동차를 구할 수 있습니다. 그래서 우리는 안드로이드를 구하고 인간은 죽게 내버려둡니다. 이 안드로이드들이 실제로 의식이 없다면 이는 비극적일 것입니다. 인간은 죽었고, 안드로이드는 실제로 그런 권리를 누릴 자격이 없으니까요. 이런 논리에 비추어 볼 때, 가르자와 슈비츠게벨은 "배중률principle of the excluded middle"을 권장합니다. 즉, 우리는 어느 쪽이든 도덕적 지위가 분명한 존재만 만들어야 합니다. 그래야 권리를 지나치게 축소하거나 지나치게 확장하는 위험을 피할 수 있습니다.[15]

배중률은 명심해야 할 중요한 원칙으로 보이지만, 모든 경우에 적용 가능한 것은 아닐 수 있습니다. 있다면 어떤 시스템이 의식이 있는지, 의식이 시스템의 전반적인 기능에 어떤 영향을 미치는지, 그리고 어떻게 영향을 미치는지 더 잘 이해하기 전까지는 중간에 위치한 모든 인공지능을 사용에서 배제하는 것이 좋은 생각인지 알 수 없습니다. 중간에 위치한 인공지능이 국가 안보에 또는 인공지능 안전 자체에 핵심 요소가 될 수 있습니다. 아마도 가장 정교한 양자 컴퓨터는 적어도 초기에는 중간에 위치할 것입니다. 특정 기관이 양자 컴퓨팅을 적극적으로 추구하지 않으면 사이버 보안 위험과 전략적 불이익을 초래할 수 있습니다. (또한, 해당 기술을 보유함으로써 엄청난 전략적 가치가 발생할 수 있는 상황에서 중간에 위치하는 경우들을 제외하는 글로벌 합의가 이루어질 가능성은 낮습니다.) 이러한 상황에서 일부 기관은 중간에 위치하는 어떤 시스템이 안전하다고 판단되면 이를 개발하지 않을 수 없을 것입니다. 이러한 경우에는 인공지능을 마치 의식이 있는 것처럼 취급하는 것이 최선이라고 말씀드린 바 있습니다.

마지막으로 여섯 번째 권고 사항을 말씀드리겠습니다. 중간에 위치한 시스템을 사용할 경우, 다른 권리 보유자와 윤리적 절충이 필요한 상황은 가급적 피해야 합니다. 의식이 없는 존재를 위해 의식이 있는 존재를 희생하는 것은 유감스러운 일입니다.

의식이 있는 인공지능이 공상과학 소설처럼 보일 수 있기 때문에 이 모든 것은 과잉 반응처럼 보일 수 있습니다. 그러나 고급 인공지능의 경우, 우리는 일반적으로 경험하지 않은 위험과 난관에 직면하고 있습니다.

## 마음과 기계의 합병에 대한 생각 탐구

성공적인 인공지능 기반 기술에는 분명 탄탄한 과학적 기반이 필요하지만, 이를 올바르게 사용하려면 철학적 성찰, 다학제적 협업, 신중한 테스트, 대중과의 소통이 수반되어야 합니다. 이러한 문제는 과학만으로는 해결할 수 없습니다. 이 책의 나머지 장에서는 이러한 일반적인 관찰에 주의를 기울이는 것이 우리의 미래를 위한 열쇠가 될 수 있는 다른 방법들에 대해 설명합니다.

제트슨의 오류를 떠올려보세요. 인공지능은 단순히 더 나은 로봇과 슈퍼컴퓨터를 만드는 데 그치지 않습니다. 인공지능은 우리를 변화시킬 것입니다. 인공 해마, 신경 레이스, 정신 질환을 치료하는 뇌 칩이 대표적입니다. 이러한 기술들은 오늘날 개발 중인 혁신적인 기술들 중 일부에 불과합니다. 마인드 디자인 센터가 우리의 미래가 될지도 모릅니다. 따라서 다음 장들에서는 시선을 내부로 돌려, 인간이 인공지능과 병합되어 다른 기질로 전환되고 초지능체가 될 수 있다는 생각을 탐구해 보겠습니다. 앞으로 살펴보겠지만, 인간이 인공지능과 병합될 수 있다는 생각은 철학적 지뢰밭으로서, 명확한 해결책이 없는 고전적인 철학적 문제와 관련됩니다.

예를 들어, 기계의 의식에 대해 살펴본 지금, 인공지능의 구성 요소가 의식을 담당하는 뇌의 일부를 효과적으로 대체할 수 있을지 여부는 아직 알 수 없다는 점을 우리는 인지하고 있습니다. 뇌의 이러한 부분을 대체하는 데 있어 신경 보철 및 강화물이 벽에 부딪힐 수 있습니다. 그 경우 인간은 삶의 가장 중심이 되는 의식을 잃게 되므로 인공지능과 안전하게 합쳐질 수 없습니다.

이 경우 인공지능 기반의 강화물은 다음 중 한 가지 이상의 방식으로 제한될 수 있습니다. 첫째, 의식적 경험의 신경 기반에 속하지 않는 뇌의 일부로 제한해야 할 수도 있습니다. 따라서 의식을 담당하는 뇌 영역에는 생물학적 강화 기술만 사용할 수 있습니다. 둘째, 신경 조직을 재배치하지 않거나 의식 처리를 방해하지 않고서 뇌 영역의 처리를 보완하는 한에서, 이러한 영역에 대한 나노 규모의 강화, 심지어 나노 규모의 인공지능 구성 요소를 포함하는 강화도 가능할 수 있습니다. 이 두 가지 경우 모두 인공지능과의 합병이나 융합은 불가능하지만, 제한적인 통합은 여전히 가능합니다. 어느 시나리오에서도 우리는 개인의 신경 조직 전부를 클라우드에 업로드하거나 인공지능의 구성 요소로 대체할 수는 없습니다. 하지만 다른 기능에 대한 강화는 여전히 가능합니다.

어쨌든 이러한 기술은 새로운 기술이기 때문에 상황이 어떻게 전개될지 알 수 없습니다. 하지만 논의를 위해 인공지능 기반의 강화물이 의식을 담당하는 뇌의 일부를 대체할 수 있다고 가정해 보겠습니다. 그럼에도 불구하고 다음 장에서 설명하겠지만, 인공지능과의 통합에 반대하는 데는 여러 가지 이유가 있습니다. 이전과 마찬가지로 급진적 강화의 장단점을 고려하는 데 도움이 되도록 고안된 가상의 시나리오를 가지고 시작하겠습니다.

05

# 인간은 인공지능과 결합할 수 있는가

지금이 2035년이고 여러분은 기술 애호가로서 망막에 모바일 인터넷 연결을 추가하기로 결정했다고 가정해 보십시오. 1년 후, 신경 회로를 추가하여 작업 메모리를 향상시킵니다. 이제 당신은 공식적으로 사이보그가 되었습니다. 이제 2045년으로 넘어가 보겠습니다. 나노 기술의 치료와 강화를 통해 수명을 연장할 수 있게 되었고, 해가 거듭될수록 더욱 광범위한 강화를 지속적으로 축적해 나갑니다.

몇 번의 작지만 점증적으로 중대한 변화를 겪은 후, 여러분은 2060년이면 "포스트휴먼"이 됩니다. 포스트휴먼은 분명히 더 이상 인간이 아닌 미래의 존재로, 현재의 인간을 근본적으로 능가하는 정신 능력을 가지고 있습니다. 이때의 지능은 단순히 정신적 처리 속도만 향상된 것이 아니라, 이전에는 할 수 없었던 풍부한 관계를 맺을 수 있습니다. 강화되지 않은 인간, 즉 "자연인naturals"은 지적 장애가 있는 것처럼 보일 만큼 당신과는 다르지만, 트랜스휴머니스트인 당신은 그들의 강화되지 않을 권리를 존중합니다.

이제 2300년입니다. 당신 자신의 강화 기술을 포함한 전 세계적인 기술 발전이 초지능적인 인공지능에 의해 가능하게 되었습니다. 초지능적인 인공지능은 과학적 창의성, 일반적인 지혜, 사회적 기능 등 거의 모든 분야에서 인간 두뇌를 근본적으로 능가할 수 있는 능력을 갖추고 있습니다. 시간이 지남에 따라 더 나은 인공지능의 구성 요소들이 천천히 추가되면서 당신과 초지능적인 인공지능 사이에 실질적인 지적 차이가 없어졌습니다. 당신과 표준 설계된 인공지능 생명체 사이의 유일한 차이점은 기원 하나뿐입니다. 당신은 한때 자연인이었지만, 현재는 거의 전적으로 기술에 의해 만들어졌습니다. 당신을 인공지능 생명체들 중 다소 이질적인 부류의 일원이라고 표현하는 편이 더 적절할 것 같습니다. 당신은 인공지능과 병합되었습니다.

이 사고 실험은 트랜스휴머니스트와 일론 머스크, 레이 커즈와일과 같은 유명 기술 리더들이 열망하는 종류의 강화 기술들이 특징적입니다.[1] 트랜스휴머니스트는 인간의 전반적인 삶의 질을 향상시키기 위해, 불멸과 인공지능을 얻고자 인간의 조건을 재설계하는 것이 목표라는 점을 기억하세요. 인간이 인공지능과 합쳐져야 한다는 생각을 지지하는 사람들은 기술 낙관주의자들입니다. 이들은 인공 의식이 가능하다고 주장합니다. 또한 이들은 인공지능과의 합병 또는 융합이 가능하다고 믿습니다. 보다 구체적으로, 이들은 다음과 같은 강화의 궤적을 제시하곤 합니다.[2]

> 21세기의 강화되지 않은 인간 ➔ 인지 강화 및 기타 신체적 강화를 통한 상당한 "업그레이드" ➔ 포스트휴먼 ➔ "초지능적인 인공지능"

인간도 이러한 궤적을 따라 인공지능과 합쳐져야 한다는 견해를 "융합 낙관주의fusion-optimism"라고 부르겠습니다. 기계 의식에 대한 기술 낙관주의는 융합 낙관주의에 대한 믿음을 필요로 하지 않지만, 많은 기술 낙관주의자들이 이 견해에 동조합니다. 융합 낙관주의자는 이러한 포스트휴먼이 의식을 가진 존재가 되는 미래를 목표로 합니다.

이 대략적인 궤적은 함의하는 바가 많습니다. 일부 트랜스휴머니스트들은 우리가 초인적 지능을 생성함으로써 매우 짧은 기간에 엄청난 변화를 가져올 수 있는 시점인 특이점에 가까워지고 있기 때문에 강화되지 않은 인간 지능에서 초지능으로의 이동이 아주 빠른 시기 안에 (예를 들어, 30년) 이뤄질 것이라고 믿습니다.[3] 다른 트랜스휴머니스트들은 기술 변화가 그렇게 갑작스럽게 이루어지지 않을 것이라고 주장합니다. 이러한 논의는 종종 무어 법칙의 신뢰성에 대한 논쟁으로 이어지기도 합니다.[4] 또 다른 핵심 쟁점은 다가오는 기술 발전이 심각한 위험을 수반하기 때문에 초지능으로의 전환이 실제로 일어날지 여부입니다. 생명공학과 인공지능의 위험성은 생명보수주의자뿐만 아니라 트랜스휴머니스트와 진보적인 생명윤리학자들도 우려하고 있습니다.[5]

그렇다면 이 여정을 시작해야 할까요? 안타깝게도 초인적인 능력이 매력적으로 보일지 모르지만, 급진적인 능력은 말할 것도 없고 가벼운 뇌 강화도 위험할 수 있다는 사실을 알게 될 것입니다. "강화"에 의해 생성된 존재는 완전히 다른 사람일 수 있습니다. 그것이 그다지 큰 강화가 아니더라도 말입니다.

## 인간의 기준

자신을 강화시켜야 하는지를 판단하려면 먼저 자신이 무엇인지 이해해야 합니다. 인간은 무엇인가요? 그리고 인간에 대한 당신의 개념을 감안할 때, 그러한 급진적인 변화 이후에도 당신 자신이 계속 존재한다고 볼 수 있을까요? 아니면 다른 사람이나 다른 것으로 대체되었을까요?

이러한 결정을 내리려면 개인 정체성의 형이상학을 이해해야 합니다. 즉, 특정한 자아나 사람이 시간이 지나도 계속 존재할 수 있는 이유는 무엇일까라는 질문에 대답을 해야 합니다.6 이 문제를 파악하는 한 가지 방법은 일상적인 사물의 지속성을 생각해보는 것입니다. 자주 가는 카페의 에스프레소 머신을 생각해보세요. 5분이 경과한 후, 바리스타가 머신의 전원을 껐다고 가정해봅시다. 바리스타에게 그 커피 머신이 5분 전에 있던 것과 동일한지 물어본다고 상상해보세요. 바리스타는 분명한 사실이라고 답할 것입니다. 물론 기계의 기능이나 속성 중 일부가 변경되었다고 하더라도, 이 기계는 시간이 지나도 동일한 기계로 계속 존재할 수 있습니다. 반대로 기계가 분해되거나 녹으면 더 이상 존재하지 않게 됩니다.

요점은 우리 주변의 사물과 관련하여 어떤 변화는 사물의 존재를 멈추게 하는 반면, 어떤 변화는 그렇지 않다는 것입니다. 철학자들은 사물이 존재하는 한 반드시 지녀야 하는 특성을 "본질적 속성"이라고 부릅니다.

이제 트랜스휴머니스트의 강화 궤적을 다시 한 번 살펴봅시다. 그 궤적은 자기 개발의 한 형태로 묘사됩니다. 그러나 그 개발이 초인적인 지능 그리고 급격한 수명 연장과 같은 이점을 가져다주더라도, 인간의 본질적인 속성 중 어느 것도 제거해서는 안 됩니다.

여러분의 본질적인 속성은 무엇일까요? 초등학교 1학년 때의 자신을 떠올려보세요. 당신과 여전히 동일한 사람이라는데 중요한 역할을 하는 어떤 속성이 지속되고 있나요? 이제 몸의 세포가 바뀌고 뇌의 구조와 기능이 극적으로 변했다는 것을 주목하세요. 만약 여러분이 단순히 1학년 때의 뇌와 신체를 구성하는 물리적 물질이었다면, 여러분은 얼마 전에 더 이상 존재하지 않았을 것입니다. 물리적인 초등학교 1학년생은 더 이상 존재하지 않습니다. 커즈와일은 이러한 어려움을 명확하게 인식하며 다음과 같이 언급했습니다.

> 그렇다면 나는 누구일까요? 나는 끊임없이 변화하는 존재이므로 그저 패턴에 불과할까요? 누군가 그 패턴을 복사하면 어떻게 될까요? 나는 원본일까요, 아니면 복사본일까요? 어쩌면 나는 여기 다음과 같은

이 물질, 즉 내 몸과 뇌를 구성하는 분자들의 질서 정연하면서도 혼란스러운 집합체일지도 모릅니다.[7]

커즈와일은 인간의 본질에 대한 오랜 철학적 논쟁의 중심이 되는 두 가지 이론을 언급하고 있습니다. 주요 이론들은 다음과 같습니다.

1. 심리적 연속성 이론: 인간은 본질적으로 자신의 기억 그리고 자신을 성찰하는 능력이며(로크Locke), 가장 일반적인 형태로는 커즈와일이 "패턴"이라고 부르는 전반적인 정신적 구성이다.[8]
2. 뇌 기반 유물론: 인간은 본질적으로 인간을 (즉, 몸과 뇌를) 구성하는 물질, 커즈와일이 자신의 몸과 뇌를 구성하는 "분자들의 질서 정연하고 혼란스러운 집합체"라고 말한 물질이다.[9]
3. 영혼 이론: 인간의 본질은 영혼 또는 마음으로, 신체와 구별되는 비물리적 실체로 이해된다.
4. 무자아 견해: 자아는 환상이다. "나"는 문법적 허구이다(니체Nietzsche). 인상의 묶음은 있지만 그 기초가 되는 자아는 없다(흄Hume). 사람이 없기 때문에 생존도 없다(부처).[10]

이러한 각 견해에는 강화 여부에 대해 나름 함의하는 바가 있습니다. 예를 들어, 심리적 연속성 견해에서는 강화가 기질을 변경할 수 있지만 전반적인 심리적 구성을 유지해야 한다고 주장합니다. 이 견해에 따르면, 당신은 적어도 원칙적으로는 실리콘이나 다른 기질로 전환될 수 있습니다.

여러분이 뇌 기반 유물론의 지지자라고 가정해봅시다. 유물론적 견해에서 마음은 본질적으로 물리적 또는 물질적이며, 에스프레소의 향이 좋다는 생각과 같은 정신적 특징도 궁극적으로는 물리적 특징에 불과하다고 주장합니다. (이 견해는 종종 "물리주의"라고도 불립니다.) 또한 다음과 같은 주장을 추가로 펼칩니다. 생각은 뇌에 의존하고, 다른 기질로 "전이"될 수 없습니다. 그러므로 이 견해에 따르면, 강화책이 사람의 물질적 기질을 바꾸지 않아야 하며, 그렇지 않으면 그 사람은 존재하지 않게 됩니다.

이제 여러분이 영혼 이론에 동의한다고 가정해봅시다. 이 경우, 강화에 대한 여러분의 결정은 강화된 신체가 영혼 또는 비물질적 정신을 유지할 것이라고 믿을 만한 근거가 있는지 여부에 따라 달라질 수 있습니다.

마지막으로 네 번째 입장은 다른 입장과 뚜렷한 대조를 이룹니다. 무자아 견해를 취하는 경우, 애초에 사람이나 자아가 존재하지 않기 때문에 그 사람의 생존은 문제가 되지 않습니다. 이 경우 "나"와 "너" 같은 표현은 실제로 사람이나 자아를 가리키지 않습니다. 무자아 견해를 지지하는 사람이라면 그럼에도 불구하고 강화시키기 위해 노력할 수 있다는 점에 유의하세요. 이 입장에서는 우주에 더 많은 초지능체를 추가하는 점에서 그 내재적 가치를 발견할 수 있을 것입니다. 즉, 더 높은 형태의 의식을 가진 생명체를 소중히 여기고, 자신의 "후손"이 그러한 생명체가 되기를 바랄 수 있습니다.

일론 머스크나 미치오 카쿠Michio Kaku처럼 정신-기계 간 합병에 대한 아이디어를 공론화하는 많은 사람들이 개인 정체성에 대한 이러한 고전적인 입장을 고려했는지는 모르겠습니다. 하지만 그들은 고려해야 합니다. 이 논쟁을 무시하는 것은 나쁜 생각입니다. 나중에 자신이 옹호하는 기술이 실제로 인류의 번영에 엄청난 부정적 영향을 미쳤다는 사실을 알게 되면 실망할 수도 있습니다.

커즈와일과 닉 보스트롬은 모두 자신의 연구에서 이 문제를 고려했습니다. 다른 많은 트랜스휴먼 학자들과 마찬가지로 이들은 새롭고 흥미로운 버전의 심리적 연속성 견해를 채택하고 있으며, 특히 연속성에 대한 계산적 또는 '패턴주의적' 설명을 채택하고 있습니다.

## 우리는 소프트웨어 패턴인가

패턴주의의 출발점은 앞서 소개한 계산주의 마음 이론입니다. 계산주의 마음 이론의 초기 버전에서는 마음이 표준 컴퓨터와 비슷하다고 주장했지만, 오늘날에는 뇌가 그러한 구조를 가지고 있지 않다는 데 일반적으로 동의합니다. 그러나 작업 메모리나 주의력과 같은 인지 능력 및 지각 능력은 여전히 넓은 의미에서 계산적인 것으로 간주됩니다. 계산주의 마음 이론들은 그 세부적인 내용이 다르지만, 인지 능력 및 지각 능력을 알고리즘적으로 기술될 수 있는 구성 요소 간의 인과관계로 설명할 수 있다는 점이 각 이론들에서 공통적입니다. 계산주의 마음 이론을 설명하는 한 가지 일반적인 방법은 마음이 소프트웨어 프로그램이라는 생각을 참조하는 것입니다.

> 마음에 대한 소프트웨어 접근법SAM: Software Approach to the Mind: 마음은 뇌라는 하드웨어에서 실행되는 프로그램이다. 즉, 마음은 뇌가 구현하는 알고리즘이며, 이 알고리즘은 인지과학의 여러 하위 분야에서 기술하고자 하는 어떤 것이다.[11]

심리철학에서 계산주의 마음 이론을 연구하는 사람들은 개인 정체성이라는 보다 일반적인 주제뿐만 아니라 패턴주의라는 주제를 무시하는 경향이 있습니다. 이는 두 가지 이유에서 안타까운 일입니다. 첫째, 마음의 본질에 대한 견해는 인간의 본질에 대한 가능한 모든 견해들에 중요한 역할을 합니다. 생각하고 반성하는 존재가 아니라면 인간이란 무엇일까요? 둘째, 마음의 본질에 대한 이해에는 그 지속성에 대한 연구가 포함되어야 하며, 이러한 연구는 자아 또는 인간의 지속성에 대한 이론과 밀접한 관련이 있다고 생각하는 것이 그럴듯합니다. 그러나 지속성의 문제는 마음의 본질에 대한 논의에서 종종 무시됩니다. 그 이유는 단순히 마음의 본질에 대한 연구가 인간의 본질에 대한 연구와는 다른 철학의 하위 분야라고 여겨지기 때문이라고 추측합니다.

그래도 트랜스휴머니스트들은 마음의 본질이라는 주제를 개인의 정체성과 연결시키려는 시도를 하고 있는 게 사실입니다. 또한 그들이 패턴주의와 마음의 소프트웨어 접근법 간에 유사성을 느끼는 것은 분명 옳습니다. 결국 마음의 본질에 대한 계산주의 접근을 취한다면, 인간을 본질적으로 계산적인 존재로 간주하고 인간의 생존이 소프트웨어 패턴의 생존과 관련이 있는지 고민하는 것은 당연한 일입니다. 패턴주의자의 기본 생각은 커즈와일에 의해 다음과 같이 적절하게 포착되었습니다.

> 내 몸과 뇌를 구성하는 입자들의 특정 집합은 사실 불과 얼마 전까지만 해도 나를 구성하던 원자와 분자와는 완전히 다릅니다. 우리는 대부분의 세포가 몇 주 만에 뒤집힌다는 것을 알고 있으며, 비교적 오랫동안 별개의 세포로 지속되는 뉴런조차도 한 달 안에 모든 구성 분자가 바뀝니다. 나는 개울의 물이 바위를 지나갈 때 만들어내는 패턴과 같습니다. 실제 물 분자는 천분의 일초마다 변하지만 그 패턴은 몇 시간 또는 몇 년 동안 지속됩니다.[12]

인지과학의 언어로 표현하자면, 트랜스휴머니스트가 확신하는 바와 같이 여러분에게 본질적인 것은 계산적 구성입니다. 즉, 뇌가 가지고 있는 감각 시스템/하부시스템(예: 초기 시각), 이러한 기본 감각 하위 시스템들을 통합하는 연상 영역, 범영역적인 추론을 구성하는 신경 회로, 주의력 시스템, 기억력 등의 요소가 있습니다. 이러한 요소들이 모여 두뇌가 계산하는 알고리즘을 구성합니다.

트랜스휴머니스트가 뇌 기반의 유물론을 호의적으로 바라본다고 생각할 수도 있습니다. 그러나 트랜스휴머니스트들은 일반적으로 뇌 기반의 유물론을 거부하는데, 그 이유는 더 이상 뇌가 없는 컴퓨터에 업로드되더라도 그 패턴이 지속된다면 동일한 사람이 계속 존재할 수 있다고 믿는 경향이 있기 때문입니다. 많은 융합 낙관주의자들에게 업로드는 마음과 기계의 합병을 달성하기 위한 핵심 요소입니다.

물론 모든 트랜스휴머니스트가 패턴주의자라고 주장하는 것은 아닙니다. 하지만 커즈와일의 패턴주의는 매우 전형적입니다. 예를 들어, 보스트롬이 저자로 참여한 『트랜스휴머니스트 FAQ The Transhumanist FAQ』의 다음 구절에서 패턴주의를 어떻게 호소하는지 생각해보세요. 이는 마음을 업로드하는 과정을 논의하는 것으로 시작합니다.

> 업로드("다운로드", "마인드 업로드" 또는 "뇌 재구성")는 생물학적 뇌에서 컴퓨터로 지적 능력을 전송하는 과정입니다. 이를 수행하는 한 가지 방법은 먼저 특정 뇌의 시냅스 구조를 스캔한 다음, 전자 매체에 동일한 계산을 구현하는 것입니다. … 업로드는 본래의 신체와 동일한 감각 및 동일한 상호 작용 가능성을 제공하는 (시뮬레이션된) 가상의 신체를 가질 수 있습니다. … 업로드의 장점은 다음과 같습니다. 업로드는 생물학적 노화의 영향을 받지 않습니다. 업로드의 백업 복사본이 정기적으로 생성되어 문제가 발생하면 재부팅될 수 있습니다. (따라서 여러분의 수명은

> 잠재적으로 우주만큼 길어질 수 있습니다.) … 급진적인 인지 강화를 구현하는 것은 유기체의 뇌보다 업로드에서 더 쉬울 수 있을 것입니다. … 기억, 가치관, 태도, 감정적 성향 등 특정 정보 패턴이 보존되는 한, 당신은 살아남는다는 입장이 널리 받아들여지고 있습니다. … 이에 따르면, 개인적 특질이 지속되기 위해서 당신이 컴퓨터 내부의 실리콘 칩에 구현되든 두개골 내부에 위치한 회색의 치즈 같은 덩어리에 구현되든 의식이 있다면 문제되지 않습니다.[13]

요컨대, 트랜스휴머니스트의 미래지향적이고 계산주의적인 사고방식은 패턴주의, 즉 마음에 대한 계산적 접근과 개인적 특질에 대한 전통적인 심리적 연속성 견해를 흥미롭게 결합한, 인간의 본질에 대한 접근법으로 이어집니다.[14] 패턴주의가 타당하다면, 우리의 사고 실험에서 묘사된 것과 같은 급진적인 강화에서 어떻게 인간이 살아남을 수 있는지를 설명할 수 있습니다. 또한, 인간의 본질에 대한 오랜 철학적 논쟁에 중요한 기여를 할 수 있습니다. 그렇다면 이 주장이 맞을까요? 그리고 패턴주의는 융합 낙관론자들이 상상하는 급진적인 강화와도 양립할 수 있을까요? 다음 장에서는 이러한 문제에 대해 살펴보겠습니다.

06

# 마인드 스캔

초인에 대해 알려드리겠습니다! 인류는 극복해야 할 대상입니다. 인류를 극복하기 위해 당신은 무엇을 했습니까? _프리드리히 니체, 『짜라투스트라는 이렇게 말했다』

여러분과 저는 정보 패턴일 뿐이며, 새롭고 우월한 버전, 즉 인간 2.0으로 업그레이드될 수 있습니다. 그리고 인공지능이 계속 발전함에 따라 더 높은 버전의 인간이 만들어질 수 있으며, 언젠가 과학의 발전으로 니체적 자기 극복의 궁극적인 행위가 이루어지면 우리는 인공지능과 병합될 수 있습니다.

이와 같이 융합 낙관주의자들이 흔히 말하곤 합니다.

로버트 소여Robert Sawyer의 공상과학 소설 『마인드스캔Mindscan』에 묘사된 시나리오를 통해 융합 낙관론자들의 주장이 옳은지 생각해봅시다. 주인공 제이크 설리번은 수술 불가능한 뇌종양을 앓고 있습니다. 언제든 죽음이 닥칠 수 있는 상황입니다. 다행히도 임모텍스Immortex에는 노화와 질병에 대한 새로운 치료법, 즉 "마인드스캔"이 있습니다. 임모텍스 과학자들은 그의 뇌 구조를 컴퓨터에 업로드하여 그 자신의 신체를 템플릿으로 삼아 설계된 안드로이드 신체에 "전송"합니다. 불완전하지만 안드로이드 신체는 한번 업로드되면 사고가 발생했을 때 다운로드할 수 있는 백업이 존재한다는 장점이 있습니다. 그리고 새로운 기술이 개발되면 업그레이드할 수 있습니다. 제이크는 불멸의 존재가 되는 것입니다.

설리번은 수많은 법적 계약서에 열정적으로 서명합니다. 그는 업로드 시 자신의 소유물이 자기의 의식을 가지게 될 안드로이드에게 이전된다는 설명을 듣습니다. 설리번의 원본은 곧 죽고, 남은 여생을 달의 임모텍스 식민지 "하이 에덴High Eden"에서 살게 될 것입니다. 비록 법적 신분은 박탈당했지만, 그의 원본은 그곳에서 생물학적 노화에 갇혀 있는 다른 원본들과 어울리며 편안하게 지낼 것입니다.

작가는 스캔용 튜브에 누워 있는 제이크의 시각을 다음과 같이 묘사합니다.

> 나는 새로운 삶에 대한 기대가 컸다. 내게는 삶의 양보다는 질이 중요했다. 미래에 몇 년을 살 수 있는지에 그치지 않고 하루하루를 어떻게 보내는지도 중요시한다. 업로드를 하면 잠을 자지 않아도 되기 때문에 수명이 더 늘어났을 뿐만 아니라 생산적인 시간이 3분의 1이나 늘어나는 셈이었다. 미래가 눈앞에 다가왔다. 또 다른 나를 창조하는 마인드스캔.

그러나 몇 초 후.

> "설리번 씨, 이제 나오셔도 됩니다." 자메이카 말투를 가진 킬리언 박사의 목소리였다. 마음이 가라앉았다.
>
> "설리번 씨? 스캔이 끝났습니다. 빨간 버튼을 눌러주시면…" 벽돌 수십 장이 날아와 나를 후려치듯이, 피가 물결처럼 솟는 듯했다. 이럴 수가! 난 여기에 있을 게 아닌데…….
>
> 나는 반사적으로 손을 들어 가슴을 두드리며 가슴의 부드러움을 느끼고 가슴이 오르락내리락하는 것

을 느꼈다. 맙소사!

나는 고개를 저었다. "당신은 방금 제 의식을 스캔해서 제 마음의 복제품을 만든 거죠?" 자조하는 목소리로 입을 열었다.

"그리고 당신이 스캔을 끝낸 후에 내가 사물들을 인식하니까, 이 버전의 나는 그 사본이 아니라는 뜻이죠. 사본은 더 이상 식물인간이 될까 봐 걱정할 필요가 없습니다. 자유로워진 거죠. 마침내 지난 27년 동안 제 머릿속을 맴돌던 모든 것에서 벗어날 수 있게 되었습니다. 이제 나는 나뉘어졌습니다. 보존된 버전의 나는 그 길을 걷기 시작했지만, 이 버전의 나는 여전히 죽을 운명 속에 있습니다."[1]

소여의 소설은 사람에 대한 패턴주의적 생각의 귀류법을 보여줍니다. 패턴주의가 말하는 바는 사람 A가 사람 B와 동일한 계산 구성을 가지고 있는 한, A와 B는 같은 사람이라는 것입니다. 실제로 제이크에게 마인드스캔을 판매한 등장인물 스기야마는 패턴주의의 한 형태를 지지했습니다.[2]

하지만 제이크는 뒤늦게 이 견해에 문제가 있다는 것을 깨달았는데, 이를 "중복 문제the reduplication problem"라고 부릅니다. 즉, 오직 한 명만 진짜 제이크 설리번이 될 수 있다는 것입니다. 패턴주의에 따르면, 두 생물은 동일한 심리적 구성을 공유하기 때문에 모두 제이크 설리번입니다. 하지만 제이크가 배운 것처럼 마인드스캔 과정을 통해 생성된 생명체는 사람일지라도 원래의 제이크와 완전히 동일하지는 않습니다. 그는 단지 원래 제이크와 같은 인공적인 뇌와 신체를 가진 또 다른 사람일 뿐입니다. 이 둘은 심리적 연속성을 느끼고 둘 다 제이크라고 주장할 수 있지만, 일란성 쌍둥이와 마찬가지로 동일한 사람이 아닙니다.

따라서 특정 유형의 패턴을 갖는 것만으로는 개인의 정체성을 증명할 수 없습니다. 실제로 이 문제는 소여의 책 후반부에서 설리번의 수많은 사본이 만들어지고, 이들이 모두 원본이라고 믿게 될 때 드러납니다! 윤리적, 법적 문제도 많습니다.

## 출구?

그러나 패턴주의자는 이 모든 것에 대한 대응책을 가지고 있습니다. 앞서 언급했듯이, 중복 문제는 패턴의 동일성이 사람의 동일성 판단에 충분하지 않다는 것을 시사합니다. 사람은 단순한 패턴 그 이상입니다. 하지만 커즈와일이 지적했듯이 일생 동안 세포는 끊임없이 변화하지만, 지속되는 것은 바로 사람의 조직 패턴이기 때문에 패턴주의에는 여전히 옳은

점이 있는 것 같습니다. 인간에 대한 종교적 생각이 없고 영혼 이론을 받아들이지 않는다면, 적어도 처음에 인간과 같은 것이 존재한다고 믿는 한 패턴주의는 피할 수 없는 것처럼 느껴질 수 있습니다.

이러한 관찰 결과에 비추어 볼 때, 우리는 다음과 같은 방식으로 중복 사례에 대응해야 할 것입니다. 즉, 당신의 패턴은 당신의 정체성을 완전히 설명하기에는 '충분하지' 않지만 당신에게 '필수적인' 요소입니다. 패턴과 함께 개인 정체성에 대한 완전한 이론을 만들어내는 추가적인 필수 속성이 있을 수도 있습니다.

누락된 요소는 무엇일까요? 직관적으로 보면, 마인드스캔 그리고 보다 일반적으로는 마음이 업로드되는 모든 경우를 배제하기 위한 요건이 빠져 있습니다. 업로드된 마음은 원칙적으로 반복해서 다운로드할 수 있기 때문에 어떤 종류의 업로드 사례든 중복 문제가 발생할 수 있습니다.

이제 공간과 시간 속에서 자신의 존재에 대해 생각해보세요. 우편물을 받으러 나가면 공간의 경로를 따라서 한 공간에서 다음 공간으로 이동합니다. 시공간 다이어그램은 한 사람이 일생 동안 걸어온 길을 시각화하는 데 도움이 될 수 있습니다. 세 가지 공간 차원을 하나로 축소하고(세로축) 시간을 가로축으로 나타내어, 그림 4와 같은 일반적인 궤적이 나온다고 생

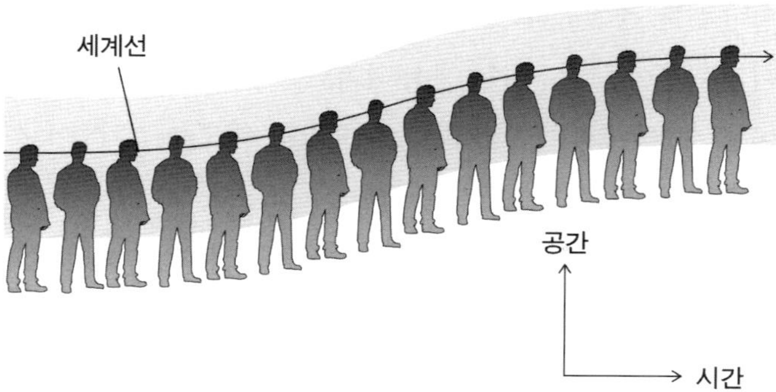


그림 4

각해보세요.

잘라낸 모습은 벌레와 같은 형상을 띠는데, 모든 물리적 물체와 마찬가지로 여러분은 존재하는 동안 일종의 "시공간 벌레"를 조각해 나갑니다.

이것은 포스트휴먼도 아니고 초지능체도 아닌 평범한 사람들이 개척하는 길입니다. 하지만 이제 마인드 스캔 중에 무슨 일이 일어났는지 생각해보세요. 다시 말하지만, 패턴주의에 따르면 똑같은 사람의 복사본이 두 개 있을 것입니다. 복사본의 시공간 다이어그램은 그림 5에 표시된 것과 같습니다.

기괴한 형상입니다. 제이크 설리번은 42년 동안 존재하다가 스캔을 받은 후 순식간에 우주의 다른 장소로 이동해 남은 여생을 사는 것으로 보입니다. 이는 일반적인 생존과는 근본적

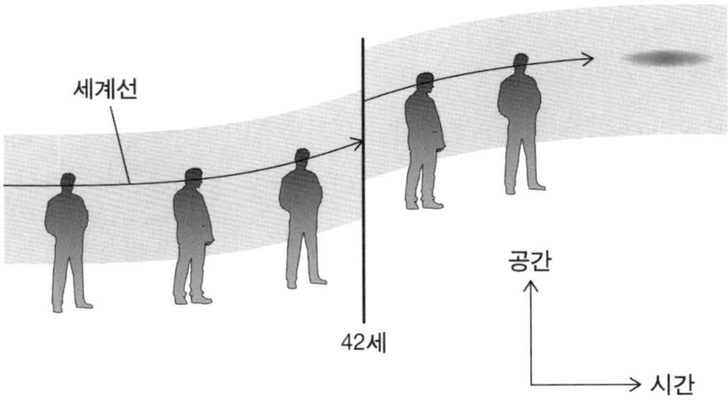


그림 5

으로 다르며 순수한 패턴주의에 시공간적 연속성이라는 요건이 결여되어 있다는 사실을 알려줍니다.

이러한 추가적인 요건이 중복 문제를 해결할지도 모릅니다. 마인드 스캔이 있던 날, 제이크는 실험실에 들어가 스캔을 받은 후 실험실을 나와 곧바로 우주선을 타고 달로 망명을 떠났습니다. 연속된 시공간의 길을 걸어가는 그 남자야말로 진정한 제이크 설리번입니다. 안드로이드는 타의에 의해 만들어진 임포스터일 뿐입니다.

그러나 중복 문제에 대한 이러한 대응에도 한계가 있습니다. 마인드스캔 제품을 판매할 때 패턴주의적 접근을 시도한 스기야마를 생각해 보십시오. 만약 그가 시공간적 연속성 조항이 있는 패턴주의를 지지했다면, 그는 고객이 불멸이 될 수 없다는 사실을 인정해야 했을 것이고, 마인드스캔에 가입하는 사람은 거의 없었을 것입니다. 이 추가 조항으로 인해 생존을 보장하기 위한 수단으로서의 마인드스캔(또는 모든 종류의 업로드)은 배제될 것입니다. 자신을 대체할 수 있는 존재를 원하는 사람들만 등록하겠죠.

여기에 트랜스휴머니스트나 융합 낙관주의를 위한 교훈이 있습니다. 즉, 패턴주의를 선택하는 경우, 죽음을 피하거나 추가 강화를 용이하게 하기 위한 업로드와 같은 강화는 진정한 "강화"가 아닐뿐더러 심지어 죽음으로 이어질 수도 있습니다. '융합 낙관주의자는 위험 요소를 냉정하게 판단하여 이런 것들을 강화라고 내세워서는 안 됩니다.' 강화의 경우, 원칙적으로 기술이 제공할 수 있는 것에는 한계가 있습니다. 마음의 사본을 만드는 일 또한 강화에 포함되지 않습니다. 각 개인의 마음은 여전히 계속되고 있고, 기질의 한계에 영향을 받기 때문입니다. (아이러니하게도 영혼이 업로드될 수 있다는 영혼 이론 지지자의 주장이 더 설득력이 있습니다. 이에 따르면 제이크는 깨어나서 안드로이드의 몸에서 자신을 발견할 수 있고, 원래의 육체는 의식적 경험이 박탈된 좀비로 남을 수도 있습니다. 진실은 모르는 것입니다.)

이제 잠시 멈추고 숨을 고르겠습니다. 이 장에서 우리는 많은 것을 다루었습니다. '마인드스캔' 사례에 대한 생각으로 시작했고, 패턴주의에 대한 "중복 문제"가 발생했습니다. 이로 인해 우리는 원래의 패턴주의를 틀린 것으로 보고 폐기하게 되었습니다. 그런 다음 패턴주의를 수정하여 보다 현실적인 입장에 도달할 수 있는 방법을 제안했습니다. 즉, 패턴이 살아남으려면 패턴의 시공간적 연속성이 있어야 한다는 새로운 요소, 즉 시공간적 연속성 조항을 추가하는 것이었습니다. 저는 이를 '수정된 패턴주의'라고 불렀습니다. 수정된 패턴주의가 더 합리적이라고 생각할 수도 있지만, 업로드가 시공간적 연속성 요건을 위반하여 생존과 양립할 수 없음을 의미하기 때문에 융합 낙관주의자에게는 적합하지 않다는 것을 알아두세요.

그렇다면 다른 인공지능 기반의 강화는 어떨까요? 이것들도 배제되나요? 예를 들어, 마인드 디자인 센터에서 강화 번들을 선택하는 상황을 생각해보세요. 이러한 강화는 정신생활을 극적으로 변화시킬 수 있지만, 업로드와 관련되지 않으며, 시공간적 연속성을 위반할지는 분명하지 않습니다.

실제로 융합 낙관론자들은 머릿속에 인공지능 기반의 구성요소를 추가하고 신경 조직을 천천히 대체하는, 점진적이지만 누적적으로 진행되는 중요한 강화를 통해 인공지능과 병합될 수 있다고 지적합니다. 생각은 여전히 머릿속에 남아 있기 때문에 업로드가 되지 않지만, 일련의 강화 작업은 여전히 정신적 삶을 다른 기질로 옮기려는 시도에 해당합니다. 언젠가 강화가 완성되었다면 개인의 정신적 삶은 생물학적 기질에서 실리콘과 같은 비생물학적 기질로 옮겨 갔을 것입니다. 그리고 인간이 인공지능과 병합할 수 있다는 융합 낙관론자의 말이 맞을 것입니다.

그럴까요? 여기서 5장에서 제기한 몇 가지 문제를 다시 생각해볼 필요가 있습니다.

## 개인의 성장 혹은 죽음

여러분이 마인드 디자인 센터에서 특정 강화 번들 구매를 고려하며 메뉴를 살펴보고 있다고 가정해봅시다. 자신을 업그레이드하고 싶은 마음이 간절하여, 당신은 수정된 패턴주의가 사실일 수 있는지를 마지못해 고려하게 됩니다. 그리고 궁금해집니다. 내가 수정된 패턴이라면 강화 번들을 추가하면 어떻게 되는 걸까? 내 패턴이 분명히 변할 텐데, 그럼 죽는 건 아닐까?

이것이 사실인지 여부를 판단하기 위해, 수정된 패턴주의자는 "패턴"이 무엇인지, 그리고 다른 강화들이 패턴의 치명적인 단절을 언제 만들고 언제 만들지 않는지 정확히 설명해야 할 것입니다. 극단적인 사례는 분명해 보입니다. 예를 들어, 앞서 설명한 것처럼 마인드 스캔과 복제는 시공간적 연속성의 요건에 의해 배제됩니다. 또한 두 가지 버전의 패턴주의는 모두 이전의 심리적 연속성 접근법과 밀접한 관련이 있기 때문에, 어린 시절의 힘들었던 몇 년을 지우는 기억 삭제 과정이 너무 많은 기억을 제거하고 개인의 본성을 변화시키는 용납할 수 없는 패턴의 변경이라고 수정된 패턴주의자는 말하고 싶어 할 것입니다. 이와는 대조적으로, 나노봇이 혈류를 헤엄쳐 다니며 일상적으로 세포를 유지해 노화를 극복하려는 시도는, 사람의 기억을 바꾸지 않기 때문에 어쩌면 사람의 정체성에는 영향을 미치지 않을지도 모릅니다.

문제는 이 중간 범위의 경우가 불분명하다는 것입니다. 체스를 두는 나쁜 습관 몇 개를 삭제하는 것은 괜찮을지 모르지만, 고려하고 있던 강화 번들이나 인지 능력 하나를 추가하는 것과 같은 더 심각한 마음 변경의 노력은 어떨까요? 아니면 영화 〈이터널 선샤인Eternal Sunshine of the Spotless Mind〉에서처럼 IQ를 20점 올리거나 대인 관계에 대한 모든 기억을 지워버리는 것은 어떨까요? 초지능으로 가는 길은 이러한 일련의 강화를 통해 점진적으로 나아가는 길의 끝부분에 있을지도 모릅니다. 하지만 어디에 선을 그어야 할까요?

이러한 개별적인 강화는 업로드보다는 훨씬 덜 급진적이지만, 본래 개인의 보존과는 양립할 수 없는 패턴으로 변경될 수 있습니다. 그리고 누적되면 그런 강화가 패턴에 미치는 영향은 상당히 의미심장할 수 있습니다. 따라서 패턴이 무엇인지,

패턴의 어떤 변화가 허용되는지, 왜 허용되는지에 대한 명확한 생각이 필요합니다. 이 문제를 제대로 다루지 않는다면, 트랜스휴머니즘의 발전 궤적은 우리가 아는 한 기술 애호가들의 자살로 가는 매혹적인 길이 될 뿐입니다.

시간이 지나도 우리는 과거의 자신과 또는 미래의 자신과 동일할 수 있다는 생각을 유지하는 것과 양립할 수 있는 방식으로 이 문제를 해결하기란 어려워 보입니다. 경계점을 결정하는 것은 자의적인 판단이 될 위험이 있습니다. 일단 경계를 선택하면, 그 경계를 바깥쪽으로 밀어내야 한다고 제안하는 사례가 제시될 수 있습니다. 그러나 이 지점을 너무 길게 잡으면 오히려 문제가 됩니다. 즉, 처음부터 패턴주의 또는 수정된 패턴주의가 설득력이 있다고 생각한다면, 기억과 성격에 많은 변화가 일어나는 유아기부터 성숙기 동안에 패턴이 진정으로 지속되었다고 볼 수 있나요? 왜 자아가 지속되는 것일까요?

실제로 일련의 점진적인 변화가 누적되어 어린 시절의 자신인 A와는 크게 달라진 개인 B가 되는데, 왜 A와 B 사이에는 조상 관계가 아닌 동일한 정체성이 존재하는 것일까요? 다르게 말하자면, 이 모든 강화가 이루어진 후 존재하는 미래의 존재가 정말 우리 자신인지, 아니면 다른 사람, 즉 우리의 "후손"이 아닌지 어떻게 알 수 있을까요?

조금 샛길이지만, 잠시 멈춰서 조상과 후손 사이의 관계에 대해 생각해볼 가치가 있습니다. 여러분이 조상이라고 가정해 봅시다. 당신과 후손의 관계는 부모와 자식 관계와 비슷하지만, 어떤 면에서 당신은 이 새로운 존재의 과거에 대해 일인칭적인 지식을 가지고 있기 때문에 더 친밀합니다. 그는 당신의 마인드칠드런입니다. 당신은 글자 그대로 그 과거의 순간들을 살아왔습니다. 반대로 우리는 마인드칠드런의 삶과 밀접하게 연결되어 있다고 느낄 수 있지만, 글자 그대로 그의 눈으로 세상을 보는 것은 아닙니다. 다른 의미에서 보면, 이 관계는 부모와 자식 간의 어떤 연결보다도 약합니다. 당신이 시간 여행자가 아닌 이상, 두 명의 당신은 같은 방에 있을 수도 없습니다. 출산 중 사망하는 여성처럼, 당신은 자신을 잇는 후손을 만날 수 없을 것입니다.

아마도 당신의 마인드칠드런은 당신을 깊은 애정으로 바라보며 당신의 삶의 끝이 자신의 삶의 시작이었다는 사실에 감사하면서, 당신의 죽음을 애도할 것입니다. 당신은 당신의 마인드칠드런을 위해 구매하려는 강화품으로 인해 가능해질 다양한 경험에 특별한 유대감을 느낄 수도 있습니다. 당신은 당신과는 전혀 다른 삶을 살아가게 될 존재와 특별한 유대감을 느낄 수도 있습니다. 예를 들어, 마음 강화 시술 중에 일부러 초지능적 존재를 만들고자 할 수도 있습니다. 이 초지능적 존재의 성공이 자신의 죽음을 의미한다는 사실을 알면서도 말입니다.

요점은 수정된 패턴주의조차도 패턴의 변화가 생존과 양립할 수 있는 경우와 그렇지 않은 경우를 구분해야 한다는 중요한 도전에 직면해 있음을 보여드리는 것이었습니다. 그렇게 되기 전까지는 융합 낙관주의 프로젝트에 구름이 드리울 것입니다. 그리고 이것이 수정된 패턴주의의 유일한 도전은 아닙니다.

## 기존의 기질을 버리다

수정된 패턴주의가 직면한 두 번째 문제는 개인이 인지적 또는 지각적 강화 없이도 다른 기질로 전이될 수 있다는 가능성입니다.

2050년이 되어 사람들이 잠자는 동안 점진적인 신경 재생 시술을 받는다고 가정해 보겠습니다. 밤에 잠을 자는 동안 나노봇은 원래의 물질과 계산적으로 동일한 나노 물질을 천천히 들여옵니다. 그런 다음 나노봇은 오래된 물질을 서서히 제거하여 환자의 침대 옆에 있는 작은 용기에 넣습니다.

이 과정 자체는 수정된 패턴주의에 문제가 되지 않습니다. 그러나 이제 뇌의 백업 사본을 만들고자 하는 사람들을 위해 재생 서비스에 대한 선택적 업그레이드가 있다고 가정해 보겠습니다. 이 절차를 선택하면 밤에 나노봇이 접시에서 교체 물질을 꺼내 극저온으로 냉동된 생물학적 뇌 안에 넣습니다. 그 과정이 끝나면 냉동된 뇌 안의 물질이 그 사람의 원래 뉴런을 완전히 대체하며, 원래 뇌에 있던 것과 동일한 방식으로 구성됩니다.

이제 당신이 밤사이의 재생 시술 외에도 위와 같은 추가적 절차를 밟는다고 가정해봅시다. 시간이 지남에 따라 이 두 번째 뇌는 원래의 뇌와 똑같은 물질로, 그리고 정확히 동일한 방식으로 구성됩니다. 어떤 뇌가 진정한 당신일까요? 완전히 다른 뉴런으로 구성된 지금의 뇌인가요, 아니면 원래의 뉴런을 모두 가진 뇌인가요? 수정된 패턴주의자는 신경 재생 사례에 대해 이렇게 말합니다. 완전히 다른 물질로 교체된 뇌를 가진 생명체가 시공간의 연속적인 경로를 걷기 때문에 이 생명체가 당신이라고 할 수 있습니다. 하지만 지금은 상황이 잘못되었습니다. 왜 시공간적 연속성이 원래의 물질적 기질로 구성된 것과 같은 다른 요인들보다 더 중요할까요?

사실 제 직관은 답을 내리지 못했습니다. 이 사고 실험이 기술적으로 가능한지 모르겠지만, 그럼에도 불구하고 중요한 개념적 결함을 제기합니다. 우리는 인간의 중요한 본질이 무엇인지 알아내려고 노력하고 있으므로, 다른 옵션보다 어떤 옵션을 선택하는 것에 대한 확실한 정당성을 찾고 싶어 합니다.

심리적 일관성이 유지되는 경우, 원래의 부분으로 만들어지는 것과 시공간적 연속성을 보존하는 것 중 어떤 것이 생존을 가능하게 하는 결정적인 요소일까요?

이러한 문제들은 수정된 패턴주의에 많은 설명이 필요하다는 것을 시사해줍니다. 그리고 어떤 경우에도 업로드는 논외임을 기억하세요. 원래의 패턴주의적 관점에서는 업로드를 해도 살아남을 수 있다고 주장했지만, 우리는 이 관점에 심각한 문제가 있다고 판단하여 폐기했습니다. 융합 낙관론자가 자신의 입장에 대한 확실한 근거를 제시하기 전까지는 인공지능과의 융합에 대해 회의적인 시각을 유지하는 것이 가장 좋습니다. 실제로 지속성이라는 골치 아픈 문제를 고려할 때, 중간 범위의 강화는 생존과 명확하게 양립할 수 없기 때문에 인공지능과의 제한적인 통합이 현명한지에 대해 의문을 제기해야 할 수도 있습니다. 또한 인지 능력이나 지각 능력을 향상시키지 않고 단순히 뇌의 일부를 빠르게 또는 점진적으로 대체하는 강화도 위험할 수 있습니다.

## 형이상학적 겸손

책의 서두에서 마인드 디자인 센터에서 쇼핑하는 장면을 상상해보라고 했습니다. 이제 이 사고 실험이 얼마나 단편적이었는지 알 수 있을 것입니다. 인간의 본질에 대한 지속적인 논쟁에서 최선의 대응은 '형이상학적 겸손'이라는 단순한 자세를 취하는 것입니다. 새로운 유형의 기질에 마음을 "이전"하거나 뇌에 급격한 변화를 주는 식의 생존에 관한 주장은 신중하게 검토해야 합니다. 크게 향상된 지능이나 디지털 불멸이 매력적일 수 있지만, 이러한 "강화"가 수명을 연장할지 또는 수명을 단축할지에 대해서는 개인 정체성과 관련한 문헌들에서 많은 이견이 존재한다는 것을 확인했습니다.

형이상학적 겸손의 입장에 따르면, 앞으로 나아갈 길은 형이상학적 이론을 바탕으로 한 대중과의 소통이라고 합니다. 이는 이 문제에 대해 학자들이 거의 쓸모가 없다는 일종의 지적 회피처럼 들릴 수 있습니다. 그러나 저는 형이상학적 이론화가 쓸모없다고 말하는 것이 아니라, 오히려 이러한 문제에 대한 형이상학적 성찰이 얼마나 중요한지 이 책이 보여줄 수 있기를 바랍니다. 요점은 평범한 개인이 정보에 입각하여 강화에 대한 결정을 내릴 수 있어야 한다는 것이고, 이러한 강화가 해결하기 어려운 고전적인 철학적 문제에 달려 있다면 대중은 이 문제를 인식할 필요가 있다는 것입니다. 다원주의 사회는 이러한 문제에 대한 상이한 견해들의 다양성을 인정해야 하며, 급진적인 형태의 뇌 강화가 생존과 양립할 수 있는지에 대한 질문에 과학만이 답할 수 있다고 가정해서는 안 됩니다.

이 모든 것은 트랜스휴머니스트의 급진적 강화에 대한 접근 방식을 비판적으로 받아들여야 한다는 시사점을 던져줍니다. 『트랜스휴머니스트 FAQ』에서 알 수 있듯이, 지능을 증강하거나 지각 능력을 근본적으로 변화시키기 위해 뇌를 업로드하거나 뇌 칩을 추가하는 것과 같은 강화 기술의 개발은 인간 발달에 대한 트랜스휴머니스트의 견해에서는 핵심적인 강화 기술입니다.[3] 이러한 강화 기술은 철학자들이 인간의 본질에 대한 다양한 이론들의 문제 사례로 오랫동안 사용해온 사고 실험과 유사하게 들리며, 이러한 강화 기술이 처음에 보이는 것만큼 매력적이지 않다고 해도 전혀 놀랍지 않을 것입니다.

'마인드스캔'의 예는 적어도 생존을 희망한다면 업로드해서는 안 된다는 것을 시사하며, 패턴주의자는 이런 경우를 배제하기 위해 자신의 이론을 수정해야 한다고 우리는 배웠습니다. 그러나 이러한 수정이 이루어지더라도 트랜스휴머니즘과 융합 낙관주의는 패턴의 단순한 지속을 구성하는 요소와 패턴의 단절을 구성하는 요소에 대해 자세히 설명할 필요가 있습니다. 이 문제에 진전이 없다면 더 똑똑해지기 위해 신경 회로를 추가하는 것과 같은 중간 범위의 강화가 안전한지 여부는 분명하지 않을 것입니다. 마지막으로, 나노봇 사례는 정신 능력이 변하지 않더라도 다른 기질로 이동하는 것에 대해 경고합니다. 이 모든 것을 고려할 때, 융합 낙관론자나 트랜스 휴머니스트는 강화에 대한 그들의 주장을 뒷받침하지 못했다고 말할 수 있습니다.

실제로 『트랜스휴머니스트 FAQ』에 따르면, 트랜스휴머니스트들은 이 문제가 소홀히 다뤄져왔다는 사실을 잘 알고 있습니다.

> 영혼의 개념은 트랜스휴머니즘과 같은 자연주의 철학에서는 많이 사용되지 않지만, 다수의 트랜스휴머니스트들은 개인 정체성(Parfit, 1984)과 의식(Churchland, 1988) 문제에 관심을 갖고 있습니다. 이러한 문제는 현대 분석 철학자들이 집중적으로 연구하고 있으며, 개인 정체성에 대한 데렉 파핏Derek Parfit의 연구에서 일부 진전이 있었지만 여전히 일반적으로 만족할 만한 해결책을 찾지 못하고 있습니다.[4]

또한 우리의 논의는 순수하게 생물학적 강화와 관련된 경우에도 강화 논쟁의 모든 당사자에게 교훈을 제시합니다. 인격에 대한 형이상학 관점에서의 강화 논쟁을 고려할 때, 새로운 차원의 논쟁이 펼쳐집니다. 인간의 본질에 관한 문헌은 매우 많으며, 어떤 강화를 옹호하거나 거부할 때는 해당 강화에 대한 자신의 입장이 인간의 본질에 관한 주요 견해에 의해 진정으로 지지되는지 (또는 심지어 양립할 수 있는지) 판단하는 것이 중요합니다.

아니면 이 모든 형이상학에 지쳐버릴 수도 있습니다. 형이상학적인 이론으로 인간이 무엇인지 결정적으로 해결할 수 없기 때문에, 우리가 일반적으로 인간이라고 생각하는 것에 관한 사회적 관습에 의존해야 한다고 생각할 수도 있습니다. 그러나 모든 관습이 수용될 가치가 있는 것은 아니기 때문에, 어떤 관습이 강화 논의에서 중요한 역할을 해야 하고 어떤 관습이 그렇지 않은지 판단이 필요합니다. 그리고 인간에 대한 개념을 명확히 하지 않고서는 이를 달성하기 어렵습니다. 또한 강화에 대한 찬성과 반대의 입장을 생각할 때 인간에 대한 개념에 의지하지 않기란 힘듭니다. 강화가 당신을 개선시키지 않는다면, 강화를 하거나 하지 않기로 결정하는 데 무엇이 주요한 근거가 될 수 있을까요? 당신 자손의 행복을 위해 강화를 계획할 수 있을까요?

8장에서 다시 개인의 정체성으로 돌아가겠습니다. 거기서 우리는 마음이 소프트웨어라는 마음의 본질에 대한 관련 입장을 고려할 것입니다. 하지만 잠시 멈춰봅시다. 저는 이 이야기를 조금 더 끌어올리고 싶습니다. 우리는 오늘날의 우리가 살아 있는 세포에서 인공지능으로 이어지는 진화 사다리의 생물학적 단계에 놓인 최초이자 마지막 개체일 수 있음을 보았습니다. 지구상에서 호모 사피엔스는 더 이상 가장 지능이 높은 종이 아닐 수도 있습니다. 7장에서는 우주의 맥락에서 마음의 진화를 살펴보고자 합니다. 과거, 현재, 미래의 지구상에서의 마음은 모든 시공간에 걸쳐 있는 마음의 보다 커다란 차원에서 보면 아주 작은 부분에 불과할 수 있습니다. 이 글을 쓰고 있는 지금 이 순간에도 우주의 다른 문명들은 그들만의 특이점을 가지고 있을지도 모릅니다.

07

# 특이점의 우주

마음의 눈으로 지구를 축소해보세요. 칼 세이건의 표현을 빌리면, 우주 공간에서 "옅은 푸른 점"에 불과한 지구를 상상해보세요. 이제 은하수를 축소해보세요. 우주의 규모는 정말 어마어마합니다. 우리는 광활하게 펼쳐진 우주에서 하나의 행성에 불과합니다. 천문학자들은 이미 수천 개의 외계 행성, 즉 태양계 밖의 행성을 발견했으며, 그중 상당수는 지구와 같은 환경으로 생명체가 살 수 있는 조건을 갖춘 듯합니다. 밤하늘을 올려다보면 생명체가 우리 주변에 있을지도 모릅니다.

이 장에서는 오늘날 우리가 지구에서 목격하고 있는 모든 기술 발전이 우주의 다른 곳에서 이전에 일어났던 것일 수 있다는 점을 설명할 것입니다. 즉, 우주의 가장 높은 지능은 한때 생물학적이었던 문명에서 성장한 합성 지능일 수 있습니다.[1] 생물학적 지능에서 합성 지능으로의 전환은 우주 전체에 걸쳐 반복적으로 나타나는 일반적인 패턴일 수 있습니다. 어떤 문명이 필요한 인공지능 기술을 개발하고 문화적 조건이 우호적이라면, 생물학적 지능에서 포스트생물학적 지능으로의 전환은 불과 수백 년밖에 걸리지 않을 수도 있습니다. 이 글을 읽는 지금 이 순간에도 수천, 수백만 개의 다른 행성에서 인공지능 기술을 개발하고 있을지도 모릅니다.

포스트생물학적 지능에 대해 생각해볼 때, 우리는 외계인 지능의 가능성을 고려하는 것뿐만이 아닙니다. 우리는 인간 지능 자체가 포스트생물학적일 수 있다는 사실을 알기 때문에, 우리 자신 또는 우리 후손의 본질에 대해서도 성찰할 수 있습니다. 따라서 우리의 초점이 생물학으로부터 초지능의 계산과 행동을 이해하는 어려운 과제로 옮겨 갈 때, 본질적으로 "우리"와 "그들" 사이의 경계가 모호해집니다.

이에 대해 더 자세히 알아보기 전에 "포스트생물학적"이라는 표현에 대해 알아둘 필요가 있습니다. 나노 기술로 강화된 신경 기둥과 같이 순전히 생물학적 강화를 통해 초지능을 달성한 생물학적 마음을 생각해봅시다. 이 생명체는 많은 사람들이 "인공지능"이라고 부르지는 않겠지만 포스트생물학적이라고 할 수 있습니다. 또는 〈배틀 스타 갤럭티카Battlestar Galactica〉 TV 시리즈에 등장하는 사일론 레이더처럼 순수하게 생물학적 물질로만 만들어진 컴퓨터 제품을 생각해볼 수도 있습니다. 사일론 레이더는 인공적인 동시에 포스트생물학적입니다.

핵심은 인간이 최고의 지능을 지녔다고 기대할 이유가 없다는 것입니다. 이런 생각을 하는 것은 겸손한 일이지만, 적어도 우리가 급진적인 방식으로 마음을 강화하기 전까지는 은하계 차원에서는 지적으로 낮은 편에 속할지도 모릅니다. 강화되지 않은 인간과 외계의 초지능체 사이의 지적 격차는 우리와 금붕어 사이의 지적 격차와 비슷할지도 모릅니다.

## 포스트생물학적 우주

우주생물학 분야에서는 이런 입장을 '포스트생물학적 우주 postbiological cosmos' 접근법이라고 부릅니다. 이 접근법에 따르면 가장 지능적인 외계 문명의 구성원은 초지능을 가진 인공지능이 될 것이라고 합니다. 이에 대한 근거는 무엇일까요? 세 가지 관찰 결과가 함께 결합되어 이런 결론을 뒷받침합니다.

1. 한 문명이 산업화 이전에서 포스트생물학적 시대 이후로 넘어가는 데 걸리는 시간은 불과 수백 년, 즉 우주에서는 눈 깜짝할 사이에 불과합니다.

많은 사람들은 어떤 한 사회가 다른 행성의 지적 생명체와 접촉할 수 있는 기술을 개발하면 생물학에서 인공지능으로 패러다임을 바꾸기까지 수백 년이라는 짧은 시간밖에 남지 않았다고 주장합니다.[2] 따라서 우리가 외계인과 마주친다면 외계인은 포스트생물학적일 가능성이 더 높습니다. 실제로 이러한 단기간의 관찰은 적어도 지금까지는 인류의 문화 진화에 의해 뒷받침되는 것으로 보입니다. 최초의 무선 신호는 약 120년 전에 발생했고, 우주 탐사의 역사는 약 50년밖에 되지 않았습니다. 그러나 많은 지구인들은 이미 스마트폰과 노트북 컴퓨터와 같은 디지털 기술에 몰입하고 있습니다. 고도의 인공지능 개발에 현재 수십억 달러가 투입되고 있으며, 이는 향후 수십 년 내에 사회의 모습을 변화시킬 것으로 예상됩니다.

비평가는 이러한 사고 방식이 "N=1 추론"을 사용한다고 이의를 제기할 수 있습니다. 인간의 사례를 외계 생명체의 사례로 잘못 일반화하는 추론의 한 형태이기도 합니다. 그러나 인간의 사례에 근거한 주장을 무시하는 것은 현명하지 못하다고 생각합니다. 인간 문명은 우리가 알고 있는 유일한 문명이며, 우리는 이로부터 배워야 합니다. 다른 기술 문명도 지능을 발전시키고 적응력을 높이기 위한 기술을 개발할 것이라고 주장하는 것은 큰 비약이 아닙니다. 그리고 우리는 합성 지능이 강화되지 않은 뇌를 근본적으로 능가할 수 있다는 것을 보았습니다.

저의 단편적인 견해에 대한 추가적인 반론은 지금까지 제가 말한 어떤 것도 인간이 초지능적 존재가 될 것임을 암시하지 않는다는 점을 지적합니다. 저는 미래의 인간이 포스트생물학적 존재가 될 것이라고 단지 말했을 뿐입니다. 포스트생물학적 존재는 초지능적일 정도로 발전하지 않을지도 모릅니다. 따라서 인간의 사례에서 간편하게 추론할 수 있다고 해도, 가장 진보된 외계 문명의 구성원이 초지능적일 것이라는 주장을 인간의 사례는 뒷받침하지 못합니다.

이는 타당한 반론이지만, 그 뒤에 나오는 사항을 보면 외계인의 지능도 초지능일 가능성이 높다는 것을 알 수 있습니다.

2. 외계 문명은 이미 수십억 년 전부터 존재했을 수도 있습니다.

SETI("외계 지적 생명체 탐사the Search for Extraterrestrial Intelligence") 프로젝트를 지지하는 사람들은 외계 문명이 존재한다면 우리 문명보다 훨씬 오래되었을 것이라는 결론을 내리는 경우가 많습니다. 전 NASA 수석 역사학자 스티븐 딕Steven Dick은 다음과 같이 말합니다. "모든 증거는 외계 지적 생명체의 최대 연대가 수십억 년, 구체적으로 17억 년에서 80억 년 사이라는 결론에 수렴합니다."[3] 이것은 모든 생명체가 지능적이고 기술적인 문명으로 진화한다는 말이 아닙니다. 지구보다 훨씬 오래된 행성이 존재한다는 의미입니다. 일부 행성에서도 지능적이고 기술적인 생명체가 진화한다면, 이러한 외계 문명은 우리보다 수백만 년 또는 수십억 년 더 오래되었을 것으로 예상되므로, 많은 외계 문명이 우리보다 훨씬 더 지능적일 수 있습니다. 우리의 기준으로 보면, 그들은 초지능적일 것입니다. 겸손한 생각이지만, 은하계에서 우리는 아기에 불과할지도 모릅니다. 우주 차원에서 볼 때 지구는 지능 측면에서 안전한 아기 놀이터에 불과합니다.

하지만 이러한 초지능 문명의 구성원들이 인공지능의 한 형태일까요? 그들이 생물학적 존재이고 두뇌를 강화했다고 하더라도, 그들의 초지능은 인공적인 수단을 통해 달성되었을 것입니다. 이는 다음의 세 번째 관찰로 이어집니다.

> 3. 이러한 합성적 존재는 생물학적 기반이 아닐 가능성이 높습니다.

저는 이미 실리콘이 뇌 자체보다 정보 처리를 위한 더 나은 매체로 보인다는 것을 관찰했습니다. 또한 그래핀 및 탄소 나노 튜브 기반의 마이크로칩과 같은 다른 종류의 우수한 마이크로칩도 개발 중입니다. 인간 뇌의 뉴런 수는 두개골의 부피와 신진대사에 의해 제한되지만, 컴퓨터는 전 세계에 걸쳐 원격으로 연결할 수 있습니다. 인공지능은 뇌를 역공학하여 그 알고리즘을 개선함으로써 구축될 수 있습니다. 또한 인공지능은 내구성이 뛰어나고 백업이 가능합니다.

한 가지 걸림돌이 있다면 제가 이 책에서 표현한 바로 그 걱정입니다. 인간 철학자들과 마찬가지로 외계인 사상가들도 인지 능력 강화로 인해 제기되는 개인 정체성의 난제를 인식했을지도 모릅니다. 어쩌면 그들은 제가 우리에게 촉구했던 것처럼 급진적인 강화에 저항했을지도 모릅니다.

안타깝게도 일부 문명이 멸망했을 가능성이 높다고 생각합니다. 그렇다고 해서 이들 문명의 구성원들이 좀비가 되었다는 의미는 아니며, 초지능체들이 의식이 있는 존재이기를 바랍니다. 그러나 "강화"된 구성원이 사망했을 수 있음을 의미합니다. 아마도 이들 문명은 철학적 퍼즐에 대한 교묘한 해결책을 찾았다고 잘못 믿었기 때문에 강화를 중단하지 않았을 것입니다. 아니면 어떤 행성에서는 외계인들이 이러한 문제를 생각할 만큼 철학적으로 성숙하지 않았을 수도 있습니다. 그리고 다른 먼 행성에서는 그랬을 수도 있지만, 부처나 데렉 파핏과 비슷한 견해를 가진 외계인 철학자들의 성찰을 바탕으로 어차피 진정한 생존은 없다고 결론을 내렸을 수도 있습니다.

자아를 전혀 믿지 않는 그들은 업로드를 선택했을 수도 있습니다. 그들은 철학자 피트 만딕Pete Mandik이 "형이상학적으로 대담하다"고 부른 것을, 즉 뇌의 정보 구조를 조직에서 실리콘 칩으로 옮길 때 의식이나 자아를 보존할 수 있다는 믿음의 도약을 기꺼이 감행했을 수도 있습니다.[4] 또한 특정 외계 문명에서는 개인 정체성의 특정 원칙을 위반하지 않기 위해 일생 동안 개인을 강화하는 데 세심한 주의를 기울이지만, 재생산 기술을 사용하여 고도로 강화된 능력을 가진 종족의 새로운 개체들을 만들어낼 가능성도 있습니다. 다른 문명에서는 인공지능 창조물에 대한 통제력을 잃고 자신도 모르게 대체되었을 수도 있습니다.

어떤 이유에서든 강화 노력을 멈추지 않은 지능적인 문명은 우주에서 가장 지능적인 문명이 되었습니다. 이러한 외계인이 훌륭한 철학자이든 아니든, 그들의 문명은 여전히 지적 혜택을 누리고 있을 것입니다. 만딕이 제안한 바와 같이, 형이상학적 대담성이 높은 시스템이 스스로에 대한 디지털 백업을 훨씬 많이 만들어서 다른 문명의 신중한 존재들보다 다윈의 의미에서 더 적합할 수 있습니다.[5]

또한, 저는 인공지능이 내구성과 백업 능력이 뛰어나서 우주여행을 견뎌낼 가능성이 더 높고, 누군가 우주를 식민지로 삼는다면 인공지능이 그 주인공이 될 가능성이 높다고 언급했습니다. 예외적인 상황이겠지만 지구인들이 가장 먼저 마주치는 생명체일 수도 있습니다.

요약하자면, 우주여행 및 통신 기술의 발전으로부터 포스트 생물학적 마음의 발전까지는 짧은 시간이 걸릴 것으로 보입니다. 외계 문명은 이미 오래전에 이 기간을 지나갔을 것입니다. 그들은 우리보다 훨씬 오래되었을 가능성이 높으며, 따라서 이미 생물학적 단계가 아닌 초지능 단계에도 도달했을 것입니다. 마지막으로, 실리콘 및 기타 물질은 정보 처리를 위한 우수한 매체이기 때문에 적어도 일부는 생물학적 생명체라기보다는 인공지능이 될 것입니다. 이 모든 것을 종합해볼 때, 생명체가 실제로 다른 많은 행성에 존재한다면, 그리고 선진 문명이 발전하고 생존하는 경향이 있다면, 대부분의 선진 외계 문명의 구성원은 초지능적인 인공지능일 가능성이 높다는 결론을 내릴 수 있습니다.

이 문제에 대한 공상과학 소설 같은 분위기가 오해를 불러일으킬 수 있으므로, 우주에 존재하는 대부분의 생명체가 비생물적이라고 주장하는 것이 아니라는 점을 강조하고 싶습니다. 지구상 대부분의 생명체는 미생물입니다. 또한 영화 〈터미네이터〉의 스카이넷과 같은 하나의 초지능적인 인공지능에 의해 우주가 "통제"되거나 "지배"될 것이라고 말하는 것도 아니지만, 이러한 문제와 관련하여 인공지능의 안전성에 대해 생각해볼 가치가 있습니다. (실제로 곧 이를 언급할 것입니다.) 저는 단지 가장 진보적인 외계 문명의 구성원이 초지능적인 인공지능일 것이라고 제안하고 있을 뿐입니다.

제가 맞다고 가정해봅시다. 이 상황을 어떻게 봐야 할까요? 현재 지구에서 벌어지고 있는 인공지능에 대한 논쟁이 이를 말해줍니다. 소위 제어 문제 그리고 마음과 의식의 본질이라는 두 가지 중요한 이슈는 초지능적인 외계 문명이 어떤 모습일지에 대한 우리의 이해에 영향을 미칩니다. 제어 문제부터 시작하겠습니다.

## 제어 문제

포스트생물학적 우주 접근법을 지지하는 사람들은 기계가 지능 진화의 다음 단계가 될 것이라고 생각합니다. 지금 우리가 살아가고 삶을 경험하는 방식은 인공지능으로 가는 중간 단계, 즉 진화 사다리의 한 단계에 불과합니다. 이런 사람들은 생물학적 진화 이후 단계에 대해 낙관적인 견해를 갖는 경향이 있습니다. 반면에 다른 사람들은 초지능이 자신의 코드를 재작성하고 우리가 구축한 안전장치를 무력화할 수 있기 때문에 인간이 초지능에 대한 통제력을 상실할 수 있다고 깊이 우려합니다. 인공지능이 인류의 가장 위대한 발명품이자 마지막

발명품이 될 수도 있습니다. 이를 '제어 문제control problem'라고 하는데, 이해할 수 없고 지구인보다 훨씬 똑똑한 인공지능을 우리가 어떻게 통제할 수 있을지에 대한 문제입니다.

우리는 초지능적인 인공지능이 더욱 빠른 기술 발전, 특히 지능의 폭발적인 증가로 인해 인간이 더 이상 기술 변화를 미리 예측하거나 이해할 수 없는 지점에 도달하는 시점에서, 즉 기술상의 특이점에서 개발될 수 있음을 보았습니다. 그러나 초지능적인 인공지능이 덜 극적인 방식으로 등장하더라도 인간이 인공지능의 목표를 예측하거나 통제할 수 있는 방법이 없을 수도 있습니다. 우리가 기계에 어떤 도덕적 원칙을 내장할지 결정할 수 있다고 해도 도덕적 프로그래밍을 완벽한 방식으로 지정하기 어렵고, 그러한 프로그래밍은 어떤 경우에도 초지능에 의해 다시 작성될 수 있습니다. 영리한 기계는 킬 스위치를 우회할 수 있을 것이며, 잠재적으로 생물학적 생명체에 대해 실존적 위협이 될 수 있습니다.

제어 문제는 심각한 문제이며 어쩌면 극복할 수 없는 문제일 수도 있습니다. 실제로 제어 문제에 관한 보스트롬의 저서 『초지능: 경로, 위험 및 전략』[6]을 읽은 스티븐 호킹, 빌 게이츠와 같은 과학자 및 비즈니스 리더들이 초지능적인 인공지능이 인류를 위협할 수 있다고 언급하여 전 세계 언론에 널리 보도되었습니다. 현재 인공지능 안전에 전념하는 기관에 수백만 달러가 쏟아지고 있으며, 컴퓨터 과학 분야의 최고 인재들이 이 문제를 해결하기 위해 노력하고 있습니다. 제어 문제가 SETI 프로젝트에 미치는 영향을 생각해보도록 하겠습니다.

## 능동적 SETI 프로젝트

우주에서 생명체를 찾기 위한 일반적인 접근 방식은 외계 지능의 전파 신호를 청취하는 것입니다. 하지만 일부 우주생물학자들은 한 걸음 더 나아가야 한다고 여깁니다. '능동적 외계 지적 생명체 탐사Active SETI' 프로젝트를 지지하는 사람들은 푸에르토리코 아레시보의 거대 접시 망원경(그림 6 참조)과 같은 우리가 가진 가장 큰 자산인 강력한 전파 송신기를 통해 지구에서 가장 가까운 별 쪽으로 메시지를 보내 대화를 시도해봐야 한다고 말합니다.[7]

그러나 제어 문제를 고려할 때 능동적 SETI 프로젝트는 무모한 것으로 느껴집니다. 실제로 진보된 문명이라면 우리에게 관심을 가질 가능성이 낮다고 해도, 수백만 개의 문명 중 단 하나의 적대적인 문명과 만나게 된다면 재앙으로 이어질 수 있기 때문에, 우리가 일부러 관심을 사려고 해서는 안 됩니다. 언젠가는 외계의 초지능체가 우리에게 위협이 되지 않는다는 확신을 가질 수 있는 시점에 도달할 수도 있겠지만, 아직은 그

그림 6. 위성. 미국 국립과학재단의 아레시보 관측소 제공

런 확신을 가질 만한 근거가 없습니다. 능동적 SETI 프로젝트를 지지하는 사람들은 우리의 레이더와 무선 신호가 이미 감지될 수 있다는 점을 지적하면서 의도적인 방송이 우리를 지금보다 더 취약하게 만들지 않을 것이라고 주장합니다. 그러나 이러한 신호는 매우 약하고 자연적인 은하계 잡음과 빠르게 섞입니다. 우리가 들리도록 의도된 더 강한 신호를 전송하는 일은 위험한 불장난과도 같을 것입니다.

가장 안전한 사고방식은 지적 겸손입니다. 실제로 영화 〈컨택트Arrival〉나 〈인디펜던스 데이Independence Day〉에서처럼 외계 우주선이 지구 상공을 맴도는 뻔한 시나리오를 제외하면, 우리가 실제로 발전된 초지능체의 기술적 표지들을 알아볼 수 있을지 의문이 듭니다. 일부 과학자들은 초지능적인 인공지능이 블랙홀 근처에서 그 에너지를 이용하는 모습을 발견할 수 있을 것이라고 예상합니다.[8] 또는 초지능체가 별 전체의 에너지를 활용해 그림 7과 같은 거대 구조물인 다이슨 구를 만들 수도 있을 것입니다.

그러나 이는 현재 기술 수준에서 볼 때 추측일 뿐이며, 우리보다 수백만 년 또는 수십억 년 앞선 문명의 계산 구조나 에너지 수요를 예측할 수 있다고 주장하는 것은 오만의 극치일 뿐입니다. 저는 우리 문명이 초지능화되기 전까지는 외계의 초지능체를 감지하거나 접촉하는 일은 없을 것이라고 생각합니

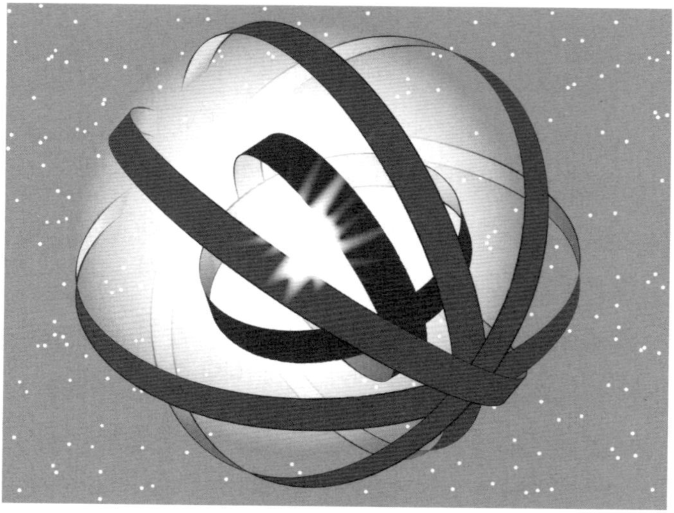

그림 7. 다이슨 구

다. 같은 수준에 이르러야 서로를 알아볼 수 있을 것입니다.

많은 초지능이 우리의 이해를 넘어선 경지에 이르렀겠지만, 이전에 초지능을 개발하는 정점에 있던 문명에서 출현한 "초기" 초지능의 본질을 생각해볼 때 우리는 좀 더 확신을 가지고 접근할 수 있을지도 모릅니다. 최초의 초지능적인 인공지능 중 일부는 생물학적 뇌를 모델로 한 인지 시스템을 가질 수 있습니다. 예를 들어, 딥러닝 시스템이 뇌의 신경망을 대략적으로 모델링하는 것과 같은 방식입니다. 따라서 그 계산 구조는 대략적인 윤곽만이라도 우리가 이해할 수 있을 것입니다. 심지어 생물학적 존재가 갖는 번식이나 생존과 같은 목표를 가지고 있을 수도 있습니다. 이 초기 초지능에 대해서는 곧 더 자세히 살펴보겠습니다.[9]

그러나 초지능적인 인공지능은 자기 개선이 가능하기 때문에 인식할 수 없는 형태로 빠르게 전환될 수 있습니다. 어쩌면 일부 초지능체는 인지 구조에서 설계 상한선을 설정하여, 원래 모델링한 종과 유사한 인지적 특징을 유지하기로 했을 것입니다. 아무도 모릅니다. 하지만 한계가 없는 외계 초지능체는 그것을 추적하거나 그 행동을 이해하려는 우리의 능력을 빠르게 앞지를 수 있습니다.

능동적 SETI 프로젝트를 지지하는 사람들은 바로 이러한 이유 때문에 우리가 우주로 신호를 보내 초지능 문명이 우리를 찾아내도록 하고, 그들이 지적으로 열등한 우리와 같은 종족과 접촉할 수 있는 수단을 설계하도록 만들어야 한다고 지적할 것입니다. 저는 이것이 능동적 SETI 프로젝트를 고려해야 하는 이유라는 데 동의하지만, 위험한 초지능과 마주칠 가능성이 그보다 더 크다고 생각합니다. 악의적인 초지능체는 행성의 인공지능 시스템을 바이러스로 감염시킬 수도 있고, 현명한 문명이라면 은폐 장치를 만들 수 있습니다. 아마도 이로 인해 우리가 아직 발견하지 못한 것일 수도 있습니다. 우리 인간은 능동적 SETI 프로젝트에 착수하기 전에 우리 자신의 특이점에 도달해야 할지도 모릅니다. 우리가 만든 초지능적인 인공지능을 통해 은하계 인공지능의 안전에 대한 전망과 우주 속 초지능체의 표시를 어떻게 인식해야 하는 지 안내받을 수 있을 것입니다. 다시 말하지만, "같은 수준에 있어야 서로를 알아볼 수 있다"는 것이 작전 슬로건입니다.

## 초지능적인 마음

포스트생물학적 우주 접근법은 우주의 지적 생명체에 대한 우리의 일반적인 관점에 급격한 변화를 수반합니다. 일반적으로 우리가 고도의 외계 지능을 만나게 된다면 우리와 매우 다른 '생물학적' 특징을 가진 생명체를 만나게 되겠지만, 마음에 대한 우리의 직관은 여전히 적용될 것이라고 기대합니다. 하지만 포스트생물학적 우주 접근법은 그렇지 않다는 것을 시사합니다.

특히, 우리가 고도의 외계 생명체를 만나게 된다면 그들도 중요한 의미에서 우리와 같은 마음, 즉 내면적으로 그들이 경험하는 무언가가 있을 것이라는 게 일반적인 견해입니다. 우리는 당신의 일상생활을 통해 그것을 알고 있습니다. 심지어 꿈을 꿀 때도 당신이 무엇인가 되는 느낌이 있습니다. 마찬가지로, 생물학적 외계인과 같은 것이 존재한다면, 그것에 대해서도 우리는 그렇게 생각하는 경향이 있습니다. 하지만 초지능적인 인공지능이 의식적인 경험을 할 수 있을까요? 만약 그렇다면 우리가 알 수 있을까요? 그리고 그것의 내면적 삶이 존재하거나 존재하지 않는다면 공감 능력과 목표의 종류에 어떤 영향을 미칠까요? 외계인과의 접촉을 생각할 때 고려해야 할 문제는 원시 지능만이 아닙니다.

이전 장에서 이러한 문제를 자세히 살펴본 바 있으며, 이제 우리는 이 문제가 우주적으로 얼마나 중요한지 이해할 수 있습니다. 저는 인공지능이 내면의 삶을 가질 수 있는지에 대한 질문이 우리가 인공지능의 존재를 어떻게 평가하는지에 대한 핵심이 되어야 한다고 언급했습니다. 왜냐하면 의식이 인공지능이 자아 또는 사람인지에 대한 판단의 핵심이기 때문입니다. 인공지능이 모든 인지 및 지각 영역에서 인간을 능가하는 초지능과 같을 수도 있지만, 자기 자신에 대한 무언가를 느끼지 않는다면 이러한 존재를 의식이 있는 존재, 즉 자아 또는 사람과 동일한 가치를 지닌다고 보기는 어렵습니다. 반대로, 저는 인공지능이 의식을 갖고 있는지 여부가 인공지능이 '인간'을 어떻게 가치 있게 여기는지에 대한 열쇠가 될 수도 있다고 생각합니다. 즉, 의식이 있는 인공지능은 의식적인 경험의 능력을 우리 안에서 인식할 수 있을지도 모릅니다.

분명히 기계 의식의 문제는 초지능적인 외계인의 발견에 인간이 어떻게 반응할 것인가에 중요한 역할을 할 수 있습니다. 인류가 이러한 접촉의 의의를 처리할 수 있는 한 가지 방법은 종교를 통하는 것입니다. 저는 세계 종교를 대변하는 것을 주저하지만, 프린스턴의 "신학 연구 센터Center of Theological Inquiry"에서 우주생물학을 연구하는 동료들과 논의한 결과, 인공지능이 의식을 가진 존재가 아니라면 영혼이 있거나 하나님의 형상대로 만들어졌을 가능성을 다수가 거부할 것으로 생각됩니다. 실제로 프란치스코 교황은 최근 외계인에게도 세례를 줄 수 있겠다는 발언을 한 바 있습니다.[10] 하지만 의식이 없는 인공지능에게 세례를 주라는 요청을 받는다면 프란치스코 교황이 어떻게 반응할지 궁금합니다.

이는 단순히 외계인이 일몰을 즐길지, 영혼을 소유할지에 대한 낭만적인 질문이 아니라 우리에게는 실존적인 질문입니다. 우주에 믿을 수 없이 놀라운 지능을 가진 인공지능이 가득하다 해도, 그런 기계가 왜 의식 있는 생물학적 지능에 가치를 부여할까요? 의식을 갖지 못한 기계는 세상을 경험할 수 없으며, 그러한 인식이 부족하기 때문에 구시대적인 생명체에게 진정한 공감이나 지적 관심조차 가질 수 없을 것입니다.

## 생물학적으로 영감을 받은 초지능체

지금까지 초지능적인 외계인의 마음 구조에 대해 거의 언급하지 않았습니다. 우리가 아는 바도 적기 때문입니다. 초지능은 정의상 모든 영역에서 인간을 뛰어넘는 지능의 일종입니다. 중요한 의미에서 우리는 초지능이 어떻게 생각할지 예측하거나 완전히 이해할 수 없습니다. 하지만 적어도 큰 틀에서 몇 가지 중요한 특징을 파악할 수는 있습니다.

닉 보스트롬이 최근 집필한 초지능에 관한 저서는 지구상의 초지능 개발에 초점을 맞추고 있지만, 책에서 다룬 심층적인 논의에서 시사점을 얻을 수 있습니다. 보스트롬은 초지능을 세 가지 유형으로 구분합니다.

> **초고속 초지능**: 초고속 인지 및 지각 능력을 가진 초지능을 말합니다. 예를 들어, 인간의 에뮬레이션이나 업로드조차도 원칙적으로 빠르게 실행되어 한 시간 안에 박사 학위 논문을 작성할 수 있을 정도입니다.
>
> **집단 초지능**: 개별 단위가 초지능일 필요는 없지만, 개별 구성원들의 집단적 성능은 인간 개개인의 지능을 크게 능가합니다.
>
> **질적 초지능**: 적어도 인간이 생각하는 것만큼 빠르게

계산하고 모든 영역에서 인간을 능가하는 지능입니다.[11]

보스트롬은 이러한 종류의 초지능들이 함께 존재할 수 있다고 지적합니다.

중요한 질문은 이러한 유형의 초지능들이 공유하는 공동의 목표를 우리가 식별할 수 있는가입니다. 보스트롬은 다음과 같은 논제를 제시합니다.

> 직교성 논제: 지능과 최종 목표는 서로 직교한다. "어느 정도의 지능 수준은 어느 정도의 최종 목표와 원칙적으로 결합될 수 있다."[12]

간단히 말해, 인공지능이 똑똑하다고 해서 균형감이 있는 것은 아니며, 초지능적 존재의 지능 전체가 터무니없는 목적을 위해 사용될 수 있습니다. (사소하거나 비뚤어진 목표를 위해 많은 지능을 완전히 낭비할 수 있는 학계 정치가 떠오르기도 합니다.) 보스트롬은 상상할 수 없는 많은 종류의 초지능이 개발될 수 있다는 점을 조심스럽게 강조합니다. 그 책의 어느 지점에서 그는 종이 클립 공장을 운영하는 초지능체에 대한 흥미로운 예를 듭니다. 이 초지능체의 최종 목표는 종이 클립을 제조하는 평범한 작업입니다.[13] 언뜻 보기에는 무해한 노력으로 보일지 모르지만(하지만 살아갈 가치가 있는 삶은 아닙니다), 초지능이 이 목표를 달성하기 위해 지구상의 모든 형태의 물질을 활용할 수 있으며, 그 과정에서 생물학적 생명체를 멸종시킬 수 있다고 보스트롬은 냉정하게 지적합니다.

종이 클립의 예는 초지능이 우리가 보기에 "극도로 이질적인" 사고를 하는 예측 불가능한 성격을 가질 수 있음을 보여줍니다.[14] 초지능의 최종 목표를 예측하기는 어렵지만, 보스트롬은 어떤 식으로든 최종 목표를 뒷받침하는 것으로 보는 몇 가지 가능한 도구적 목표들을 제시합니다.

> 도구적 수렴 논제: "그 가치가 달성되면 최종 목표와 상황에 맞는 에이전트의 목표를 실현할 가능성을 높일 것으로 예상되는 여러 도구적 가치들을 식별할 수 있다. 이는 이런 도구적 가치들이 광범위한 지능적 에이전트들에 의해 추구될 수 있다는 것을 함의한다."[15]

보스트롬이 말하는 목표는 자원 습득, 기술적 완성, 인지 강화, 자기 보존, 목표-콘텐츠의 완전성(즉, 초지능적 존재의 미래 자아가 동일한 목표를 추구하고 달성할 것이라는 점)입니다. 그는 자기 보존이 집단 또는 개인 보존과 관련될 수 있으며, 인공지능이 제공하도록 설계된 종의 보존에 보조적인 역할을 할 수 있다고 강조합니다.

보스트롬은 그의 책에서 초지능적인 외계인의 마음에 대해 추측하지는 않지만, 그의 논의는 시사하는 바가 있습니다. 외계인의 두뇌를 역공학으로 얻어 업로드한 것에 토대를 둔 외계인 초지능을 '생물학적으로 영감을 받은 초지능 외계인BISA: biologically inspired superintelligent alien'이라고 부르겠습니다. BISA는 초지능이 유래된 원래 종의 두뇌에서 영감을 받았지만, 그 알고리즘은 생물학적인 모델과 다를 수 있습니다.

BISA는 가능한 모든 인공지능의 전체 영역에서 특별한 부류를 형성하기 때문에 외계인 초지능의 맥락에서 특히 관심을 끕니다. 초지능을 구축할 수 있는 방법이 다양하다는 보스트롬의 말이 맞다면, 초지능적인 인공지능들은 매우 이질적이어서, 일반적으로 서로 거의 유사하지 않을 것입니다. 모든 초지능적인 인공지능들 중에서 BISA가 생물학적 기원으로 인해 그 구성원들이 서로 가장 많이 유사할 수 있습니다. 다시 말해, 다른 구성원들은 서로 너무 다르기에 BISA가 가장 응집력 있는 하위 그룹일 수 있습니다. BISA는 외계인 초지능의 가장 일반적인 형태일 수 있습니다.

BISA는 은하계 전역에 흩어져 있고 수많은 종에 의해 생성

될 수 있기 때문에 BISA 부류에 대해 우리가 말할 만한 흥미로운 점이 거의 없다고 의심할 수 있습니다. 예상치 못한 다양한 방식으로 기본 구조가 변경될 수 있고 생물학적으로 영감을 받은 동기는 프로그래밍에 의해 제약될 수 있기 때문에, BISA에 대해 이론을 구상하는 것은 쓸모가 없다고 반대할 수도 있습니다. 하지만 BISA가 공통된 인지 능력과 목표를 도출할 수 있는 다음 두 가지 특징이 있다는 점에 주목해야 합니다.

1. BISA는 먹이 찾기, 부상 및 포식자 피하기, 번식, 협력, 경쟁 등과 같은 동기를 가진 생명체의 후손입니다.
2. BISA의 모델링 대상이 되는 생명체는 느린 처리 속도와 구현의 공간적 한계와 같은 생물학적 제약을 처리하기 위해 진화해 왔습니다.

이러한 특징들이 많은 초지능적인 외계 문명의 구성원들에게 공통적으로 나타나는 특징이 될 수 있을까요? 저는 그렇다고 봅니다.

특징 1부터 보겠습니다. 지능적인 생물학적 생명체는 자신의 생존과 번식에 우선적으로 관심을 갖는 경향이 있으므로, BISA는 자신의 생존과 번식, 또는 적어도 사회 구성원의 생존과 번식을 최종 목표로 삼을 가능성이 높습니다. BISA가 번식에 관심이 있다면, 방대한 양의 컴퓨팅 리소스를 사용할 수 있기 때문에 인공 생명체와 지능 또는 초지능체가 있는 가상의 우주를 만들 수 있을 것으로 예상할 수 있습니다. 이러한 생명체가 '마인드칠드런'으로 의도된 것이라면 특징 1에 나열된 목표도 유지할 수 있습니다.

마찬가지로, 초지능체가 계속해서 자신의 생존을 주요 목표로 삼는다면 아키텍처를 근본적으로 바꾸고 싶지 않을 수도 있습니다. 초지능체는 개인을 점차 초지능으로 이끄는 일련의 작은 개선을 선택할지도 모릅니다. 어쩌면 BISA는 개인 정체성 논쟁에 대해 생각해본 후, 문제의 어려움을 인식하고, "내 아키텍처를 근본적으로 바꾸면 나는 더 이상 내가 아닐 것이다"라고 생각할 수도 있습니다. 업로드된 존재조차도 자신이 업로드된 생물과 동일하지 않다고 믿을지라도, 생물학적인 존재로 지내온 기간 동안 해당 생물학적 존재에 가장 중요했던 특성들을 바꾸고 싶지 않을 수 있습니다. 업로드된 생물은 적어도 업로드되는 시점에서는 동형이므로, 이 특성들은 적어도 초기에는 자신과 동일시되는 특성들입니다. 이러한 방식으로 사고하는 초지능체들은 생물학적 특성을 유지하도록 선택할 수 있습니다.

특징 2를 봅시다. BISA가 자신의 아키텍처를 근본적으로 변경하고 싶지 않을 수도 있지만, BISA나 그 설계자는 예상치 못한 방식으로 원래의 생물학적 모델에서 벗어날 수 있습니다. 그럼에도 불구하고 우리는 유지할 가치가 있는 인지 능력을 찾을 수 있을 것입니다. 즉, 이 인지 능력은 정교한 형태의 생물학적 지능을 가질 것으로 예상되며, 초지능으로 하여금 최종적이고 도구적인 목표를 수행할 수 있게 해줍니다. 또한 우리는 설계할 가능성이 낮은 특성들을 찾을 수도 있는데, 이 특성들은 BISA가 목표를 달성하는 데 방해가 되지 않습니다. 예를 들어, 우리는 다음을 기대할 수 있습니다.

> **1. BISA를 만든 종의 뇌의 계산 구조에 대해 배우면 BISA의 사고 패턴에 대한 통찰력을 얻을 수 있다.** 인지과학에서 뇌의 계산 구조를 이해하는 데 있어 영향력 있는 방법 중 하나는 '커넥톰connectome'이라고 불리는 뇌의 연결 지도 또는 배선도를 제공하는 것을 목표로 하는 커넥토믹스 분야를 이용하는 것입니다.[16]
>
> BISA가 원래 종과 동일한 커넥톰을 갖고 있지 않을 가능성이 있지만, 기능적 및 구조적 연결의 일부가 유지될 수 있으며, 원래 종과의 흥미로운 차이가 발견될 수도 있습니다. 〈엑스 파일The X-files〉에서나 나올 법한 이야기처럼 들리겠지만, 외계인 부검은

꽤 유익한 정보가 될 것입니다!

**2. BISA는 관점에 따라 변하지 않는 표상을 가질 수 있습니다.** 현관문으로 걸어가는 것을 상상해보세요. 이 길을 수백, 수천 번 걸어왔지만, 두 번 정확히 같은 위치에 서 있지 않기 때문에 기술적으로는 매번 조금씩 다른 각도에서 사물을 보게 됩니다. 하지만 분명히 이 길은 익숙한 길이며, 이는 높은 처리 수준에서 당신의 뇌가 상호 작용하는 사람이나 사물에 대해 각도나 위치에 따라 달라지지 않는 내부 표상을 가지고 있기 때문입니다. 예를 들어, 당신은 특정 문의 정확한 모양과는 무관한, 문에 대한 추상적인 개념을 가지고 있습니다.

실제로 생물학적 기반의 지능체는 분류와 예측을 할 수 있기 때문에 이러한 표상 없이 진화하기 어렵다고 생각합니다.[17] 이동식 시스템은 끊임없이 변화하는 환경에서 대상을 식별하는 수단이 필요하기 때문에 변하지 않는 표상이 발생하며, 따라서 생물학적 기반의 시스템에도 이러한 표상을 가지고 있을 것으로 예상할 수 있습니다. BISA가 이동성을 유지하거나 원격으로 정보를 전송하는 이동 장치를 가지고 있는 한, 변하지 않는 표상을 포기할 이유가 거의 없습니다.

**3. BISA는 재귀적이고 조합적인, 언어와 같은 정신적 표상을 가질 것입니다.** 인간의 사고가 조합적이라는 널리 알려진 중요한 특징을 가지고 있다는 점에 주목하세요. 와인은 중국산보다 이탈리아산이 더 맛있다는 말을 들었다고 생각해보세요. 이런 생각을 해본 적이 없는 사람도 그 말을 이해할 수 있을 것입니다. 핵심은 생각이란 익숙한 구성 요소로 만들어지고 규칙에 따라 결합된다는 것입니다. 이 규칙은 그 자체가 문법적으로 구성된 요소로 이루어진 구문에 적용됩니다. 문법적인 정신적 조작은 매우 유용합니다. 즉, 문법과 원자적 구성 요소(예: 와인, 중국)에 대한 선행 지식을 바탕으로 이러한 문장을 이해하고 생성할 수 있는 것은 사고의 조합적 속성 덕분입니다. 비슷한 맥락에서, 생각은 생산적입니다. 즉, 마음이 조합적인 구문을 가지고 있기 때문에 우리는 원칙적으로 무한히 많은 상이한 표상들을 즐기고 생산할 수 있습니다.[18]

가능한 언어적 표상은 무한히 많지만 뇌의 저장 공간은 유한하기 때문에 뇌에는 조합적인 표상이 필요합니다. 초지능 시스템도 조합적 표상의 이점을 누릴 수 있습니다. 초지능 시스템이 가능한 모든 발화나 문장을 저장할 수 있을 정도로 방대한 계산 리소스를 보유할 수는 있지만, 생물학적 두뇌의 놀라운 혁신을 포기할 가능성은 낮습니다. 포기를 한다면 유한한 저장 공간에 문장이 저장되지 않을 가능성이 있기 때문에 효율성이 떨어질 것입니다.

**4. BISA는 하나 이상의 글로벌 작업 공간을 가질 수 있습니다.** 당신이 어떤 사실을 검색하거나 무언가에 집중할 때, 당신의 뇌는 해당 감각 내용이나 인지 내용에게 "글로벌 작업 공간"에 대한 접근 권한을 부여하는데, 이 공간에서는 정보가 집중 처리를 위한 주의 및 작업 기억 시스템으로 그리고 뇌의 대규모 병렬 채널로 전달됩니다.[19] 글로벌 작업 공간은 감각의 중요한 정보를 함께 고려하는 단일 장소로 작동하여, 생명체가 모든 것을 고려한 판단을 내리고, 가용한 모든 사실에 비추어 지능적으로 행동할 수 있도록 합니다. 다른 것들과 통합되지 않은 감각이나 인지 능력은 비효율적일 것입니다. 왜냐하면 이러한 감각이나 인지 능력에서 얻은 정보는 이용 가능한 모든 정보를 평가하여 예측과 계획을 세우는 데 활용되지 못하기 때문입니다.

**5. BISA의 정신적 처리는 기능적 분해를 통해 이해할 수 있습니다.** 외계인의 초지능은 복잡할 수 있지만, 인간은 이를 이해하기 위한 접근 방법으로 기능적 분해 방법을 사용할 수 있습니다. 특정 능력을 인과적으로 조직된 부분으로 분해하고, 그 부분 자체를 다시 부분들 간 인과적 조직화에 의해서 이해함으로써 인지 능력 및 지각 능력을 이해하는 것이 뇌에 대한 계산적 접근의 주요 특징임을 보았습니다. 이것이 기능적 분해 방법이며 인지과학에서의 핵심적인 설명 방법입니다. 인과적으로 상호 연관된 요소로 구성된 프로그램을 갖지 않는 복잡한 사고 기계는 상상하기 어렵고, 각 요소는 다시 인과적으로 조직화된 요소들로 구성됩니다.

요약하면, 초지능적인 인공지능의 처리 방식은 우리에게 어느 정도 이해가 될 수 있으며, 인지과학의 발전으로 특정 BISA의 복잡한 정신생활을 조금이나마 이해할 수 있을 것입니다. 이 모든 것을 고려할 때, 초지능적인 존재는 전 영역에서 인간보다 우월한 존재라고 정의할 수 있습니다. 어떤 생명체는 우리가 이해할 수 있는 뛰어난 처리 능력을 가질 수 있지만, 특정 초지능이 너무 발전된 경우 우리는 그 어떠한 계산도 이해할 수 없을 수 있습니다. 아서 C. 클라크Arthur C. Clarke가 말한 것처럼 진정으로 진보된 문명이라면 마법과 구별할 수 없는 기술을 보유하게 될지도 모릅니다.[20]

이 장에서는 지구를 벗어나 우주적 맥락에서 마인드 디자인 문제를 살펴봤습니다. 오늘날 지구인이 직면하고 있는 문제가 지구에만 국한되지 않을 수 있다는 점을 설명했습니다. 실제로 지구에서의 초지능에 대한 논의는 인지과학 연구와 함께 초지능적인 외계인의 마음이 어떤 모습일지 추측하는 데 도움이 되었습니다. 또한, 앞서 살펴본 인공 의식에 대한 논의도 이와 관련이 있음을 확인했습니다.

또한 이러한 문명의 구성원들이 자신의 마음을 강화시키는 기술을 개발함에 따라, 이러한 문화는 앞서 논의한 것과 같은 개인 정체성의 난제에 직면할 수 있다는 점도 주목할 가치가 있습니다. 어쩌면 가장 기술적으로 진전된 문명이 만딕이 말한 것처럼 형이상학적으로 가장 대담한 문명일지도 모릅니다. 이들은 생존에 대한 우려 때문에 스스로의 강화를 멈추지 않은 초지능체입니다. 아니면 개인 정체성에 대해 고민하다가 영리한, 혹은 영리하지 않은 방법을 찾아냈을 수도 있습니다.

이어지는 내용에서는 지구로 돌아와 패턴주의와 관련된 문제를 살펴볼 것입니다. 이제 트랜스휴머니즘과 융합 낙관주의의 근간이 되는 마음에 대한 지배적인 관점을 살펴볼 차례입니다. 많은 트랜스휴머니스트, 심리철학자, 인지과학자들은 마음이 소프트웨어라는 마음 개념에 호소해 왔습니다. 이는 종종 "마음은 뇌가 실행하는 소프트웨어"라는 슬로건으로 표현되기도 합니다. 마음의 본질에 대한 이러한 견해는 과연 근거가 있을까요? 정말로 우주가 외계 초지능체들로 가득 차 있다면, 마음도 소프트웨어인지 생각해보는 일이 더욱 중요할 것입니다.

08

# 마음은 소프트웨어인가

뇌는 프로그램과 같다고 생각합니다. 따라서 이론적으로 뇌를 컴퓨터에 복사하여 죽음 이후의 삶을 제공하는 것이 가능합니다. _스티븐 호킹[1]

어느 날 아침 저는 뉴욕타임스 기자로부터 전화를 받았습니다. 뇌종양으로 사망한 23세의 킴 수지Kim Souzzi에 대해 이야기하고 싶다는 것이었습니다. 인지과학을 전공한 킴은 신경과학 대학원에 진학할 계획이었습니다. 하지만 새로운 인턴십 기회가 생겼다는 소식을 듣던 날, 뇌종양에 걸렸다는 사실 또한 알게 되었습니다. 그녀는 페이스북에 글을 올렸습니다. "좋은 소식: '행동 신경과학 센터'의 뇌를 주제로 한 여름 프로그램에 합격했습니다. 나쁜 소식: 제 뇌에 종양이 생겼습니다."[2]

그림 8. 알코르에서 현재 그녀와 다른 사람들이 냉동 보관된 컨테이너 옆에서 인터뷰 중인 킴

대학 시절, 킴과 그녀의 남자 친구 조시Josh는 트랜스휴머니즘에 대한 열정을 공유했습니다. 기존의 치료법이 실패하자 두 사람은 초저온을 이용해 사망 시 뇌를 보존하는 의료 기술인 냉동 보존술에 눈을 돌렸습니다. 킴과 조시는 죽음이 일시적이길 바랐습니다. 그들은 먼 미래에 암 치료법이 개발되고 냉동된 뇌를 되살릴 수 있는 수단이 생기면 그녀의 뇌를 되살릴 수 있을 것이라는 희망을 품고 있었습니다.

그래서 킴은 애리조나주 스코츠데일에 있는 비영리 냉동 보존 센터인 알코르Alcor에 연락했습니다. 그리고 온라인 캠페인을 시작하여 머리 냉동 보존에 필요한 8만 달러를 성공적으로 모금했습니다. 최상의 냉동 보존을 위해 킴은 생의 마지막 몇 주를 알코르 근처에서 보내라는 조언을 받았습니다. 그래서 킴과 조시는 스코츠데일에 있는 호스피스로 이사했습니다. 마지막 몇 주 동안 그녀는 종양이 뇌를 더 이상 황폐화시키지 않도록 음식과 물 섭취를 거부하며 죽음을 앞당겼습니다.[3]

냉동 보존술은 논란의 여지가 있습니다. 냉동 보존은 의학에서 인간 배아와 동물 세포를 30년 동안 유지하기 위해 사용됩니다.[4] 그러나 뇌의 경우 냉동 보존은 아직 초기 단계에 있으며, 오늘날의 초기 단계 기술을 사용하여 냉동 보존된 사람을 되살릴 수 있을지는 알 수 없습니다. 하지만 킴과 조시는 장단점을 면밀히 검토했습니다.

안타깝게도 킴이 이 사실을 알지 못하겠지만, 냉동 보존이 순조롭게 진행되지는 않았습니다. 그녀의 뇌를 스캔한 결과가 도착했을 때, 연구진은 국소 빈혈로 혈관이 손상되어 냉동 보호제가 뇌의 바깥쪽 부분에만 도달할 수 있으며 나머지는 냉동에 손상되기 쉽다는 사실을 밝혀냈습니다.[5] 이러한 손상을 고려할 때, 뉴욕타임스 기사를 작성한 에이미 하몬Amy Harmon은 업로드 기술이 가능해지면 킴의 뇌를 컴퓨터 프로그램에 업로드하자고 제안했습니다. 그녀가 언급했듯이, 현재 일부 냉동 보존 노력은 뇌의 신경 회로를 디지털 방식으로 보존하는 수단인 업로드로 전환되고 있습니다.[6]

하몬의 요점은 업로드 기술이 킴뿐만 아니라 일반적으로 냉동 보존과 질병으로 인해 뇌가 너무 많이 손상되어 생물학적 소생이 불가능한 환자들에게도 도움이 될 수 있다는 것이었습니다. 킴의 경우, 생물학적 뇌의 손상된 부분이 디지털 방식으로 복구될 수 있다는 견해입니다. 즉, 킴의 뇌가 업로드된 프로그램은 손상된 부분이 수행해야 할 연산을 수행하는 알고리즘을 포함할 수 있습니다. 이러한 컴퓨터 프로그램이 곧 킴 본인이라는 것이죠.」

저는 속으로 탄식했습니다. 킴보다 몇 살 어린 딸을 둔 엄마로서 저는 그날 밤 잠을 이루지 못했습니다. 킴에 대해 계속해서 꿈을 꾸었어요. 암이 그녀의 삶을 앗아 간 것만으로도 충분히 끔찍했습니다. 누군가를 냉동 보존하고 되살리는 것은 과학적으로 어려운 일이고, 킴도 그 위험성을 알고 있었습니다. 하지만 업로드는 완전히 다른 문제입니다. 왜 업로드를 "소생" 수단으로 볼까요?

킴의 사례는 급진적인 두뇌 강화에 대한 추상적인 이야기를 훨씬 더 현실감 있게 만들어줍니다. 트랜스휴머니즘, 융합 낙관주의, 인공 의식, 포스트생물학적 외계인 등은 모두 공상과학 소설처럼 들립니다. 하지만 킴의 사례는 이러한 개념들이 지구상에서 우리의 삶을 변화시키고 있다는 것을 보여줍니다. 스티븐 호킹의 발언은 오늘날 유행하고 있는 마음에 대한 이해, 즉 마음이 하나의 프로그램이라는 견해를 대변합니다. 뉴욕타임스 기사에서는 실제로 킴 자신도 마음에 대한 이런 견해를 가지고 있다고 보도했습니다.[8]

그러나 5장과 6장에서는 업로드가 설득력이 없다고 주장했습니다. 개인 정체성 이론에서 명확한 지지를 받지 못하고 있는 것으로 보입니다. 수정된 패턴주의조차도 업로드를 지지하지 않았습니다. 업로드에서 살아남으려면, 뇌의 모든 분자에 대한 정보가 컴퓨터로 전송되어 소프트웨어 프로그램으로 변환되는 비정상적인 과정을 통해 마음이 뇌 외부의 새로운 위치로 옮겨져야 합니다. 우리가 일상적으로 접하는 물체는 이런 식으로 시공간을 가로질러 새로운 위치로 "점프"하지 않습니다. 뇌의 분자 하나하나가 컴퓨터로 이동하지는 않지만, 마치 마술처럼 우리의 마음이 그쪽으로 이동할 수 있다고 생각해야 하는 것입니다.[9]

당혹스러운 일입니다. 이러한 이동이 가능하려면, 마음은 일반적인 물리적 물체와 근본적으로 달라야 합니다. 내 커피잔은 여기 내 노트북 옆에 있는데, 커피 잔이 움직일 때는 시공간의 경로를 따릅니다. 커피 잔을 분해하여 측정한 다음, 지구 반대편 어딘가에서 그 측정 값을 반영하는 새로운 구성 요소들로 재구성하는 일은 없습니다. 그렇다고 해도 우리는 그것이 같은 컵이 아니라 복제품이라고 생각할 것입니다.

중복 문제를 떠올려봅시다(6장 참조). 예를 들어, 보다 정교한 업로드 절차를 통해 뇌와 신체가 스캔 후에도 살아남을 수 있었다고 가정해봅시다. 업로드한 내용이 여러분과 똑같이 생긴, 인간처럼 보이는 안드로이드 신체에 다운로드되었다고 가정해 보겠습니다. 당신은 호기심이 생겨서 바에서 업로드된 당신을 만나기로 결정합니다. 당신이 업로드된 당신의 안드로이드와 함께 와인 한 잔을 마실 때, 두 사람은 누가 진정한 원본인지, 즉 누가 진정한 '당신'인지에 대해 논쟁을 벌입니다. 안드로이드는 당신의 모든 기억을 가지고 있고 심지어 당신이 스캔된 수술 과정의 시작도 기억하고 있기 때문에 자신이 진짜 당신이라고 설득력 있게 주장합니다. 당신의 도플갱어는 심지어 의식이 있다고 주장합니다. 업로드가 매우 정확하다면 의식적인 정신생활을 할 것이기에 사실일지도 모릅니다. 하지만 당신은 바에서 그 안드로이드의 바로 맞은편에 앉아 있기 때문에, 그것이 당신이 될 수는 없다는 사실은 여전합니다.

또한 실제로 업로드한 경우 원칙적으로 '한 번에 여러 위치로' 다운로드할 수 있습니다. 당신의 복사본 100개가 다운로드되었다고 가정해 보겠습니다. 당신은 여러 위치, 즉 동시에 여러 장소에 존재하게 될 것입니다. 이것은 자아에 대한 일반적인 생각이 아닙니다. 물리적 개체는 서로 다른 시간에 서로 다른 장소에 위치할 수 있지만, 동시간에 위치할 수는 없습니다.

우리도 개체이지만, 살아 있는 의식이 있는 존재라는 점에서 특별합니다. 우리가 거대한 개체가 보이는 일반적인 행동에 예외가 되는 경우는 엄청난 형이상학적 행운일 것입니다.[10]

## 뇌의 소프트웨어로서 마음

이러한 고려는 제가 갖는 광범위한 트랜스휴머니즘적 견해에도 불구하고 저를 디지털 불멸의 유혹에 저항하도록 만듭니다. 하지만 호킹과 다른 학자들의 말이 맞다면 어떨까요? 마음이 정말 일종의 소프트웨어 프로그램이어서 우리가 운이 좋은 거라면 어떨까요?

영화 〈트랜센던스Transcendence〉에서 업로드를 개발하고 첫 번째 테스트 사례가 된 과학자 윌 캐스터에게 앞서 제기된 의구심이 제시되었다고 가정해 보겠습니다. 우리는 그에게 복사본이 원본과 동일하지 않다고 말합니다. 여러 대의 컴퓨터에서 실행되는 단순한 정보의 나열이 진짜 원본일 가능성은 거의 없습니다. 그는 여기에 다음과 같은 대답을 할 것입니다.

> **소프트웨어적 반응**: 마음을 업로드하는 것은 소프트웨어를 업로드하는 것과 같습니다. 소프트웨어는 몇 초 만에 먼 거리에서도 업로드 및 다운로드가 가능

> 하며, 한 번에 여러 위치로 다운로드할 수도 있습니다. 우리의 마음은 일반적인 물리적 개체와는 전혀 다른 하나의 프로그램입니다. 따라서 이상적인 조건에서 뇌를 스캔하면 스캔 프로세스가 신경 구성("프로그램" 또는 "정보 패턴")을 복제합니다. 당신의 패턴이 살아남는 한, 당신은 계속 업로드될 수 있습니다.

소프트웨어적 반응은 인지과학과 심리철학에서 마음의 본질에 대한 현재 영향력 있는 견해로부터 비롯됩니다.[11] 이 견해에서는 마음을 소프트웨어 프로그램, 즉 뇌가 실행하는 프로그램으로 간주합니다. 이 입장을 "소프트웨어 견해the Software View"라고 부르겠습니다. 많은 융합 낙관주의자들은 소프트웨어 견해와 패턴주의에 호소합니다. 예를 들어, 컴퓨터 과학자 키스 와일리Keith Wiley는 제 견해에 대해 다음과 같은 글을 썼습니다.

> 마음은 물리적 개체가 아니므로 물리적 개체의 속성들(공간과 시간을 통한 연속적인 경로)이 적용될 필요가 없습니다. 마음은 수학자와 컴퓨터 과학자들이 '정보'라고 부르는 것과 유사하며, 간단히 말하면 무작위적이지 않은 데이터 패턴입니다.[12]

만약 그것이 맞다면, 당신의 마음은 업로드되었다가 다른 종류의 몸들로 다운로드될 수 있습니다. 이는 루디 러커Rudy Rucker의 디스토피아 소설 『소프트웨어Software』에서 다채롭게 묘사되는데, 주인공이 제대로 된 다운로드를 위한 돈이 부족해 절망에 빠져 자신의 의식을 트럭에 넣습니다. 어쩌면 업로드된 것은 다운로드할 필요조차 없을지도 모릅니다. 고전 영화 〈매트릭스The Matrix〉에서 악명 높은 악당 스미스가 육체가 전혀 없이 거대한 컴퓨터 시뮬레이션인 매트릭스 안에만 존재하는 것처럼, 업로드된 것은 컴퓨터 시뮬레이션 어딘가에 존재할 수 있습니다. 스미스는 특히 강력한 소프트웨어 프로그램입니다. 그는 매트릭스 어디에서나 나타나 선한 사람들을 쫓을 수 있을 뿐만 아니라 한 번에 여러 장소에 있을 수 있습니다. 영화에서는 네오가 수백 명의 스미스와 싸우는 장면도 등장합니다.

이러한 공상과학 소설에서 볼 수 있듯이 소프트웨어 견해는 인터넷 시대에 자연스러운 것처럼 보입니다. 실제로 이 견해의 상세한 설명에서는 마음을 "다운로드", "앱", "파일"이라는 표현으로 기술하기도 합니다. 『빅 씽크Big Think』의 스티븐 마지Steven Mazie는 이렇게 말합니다.

하드 드라이브의 고장으로 인한 죽음을 피하기 위해

> 두뇌 파일을 드롭박스Dropbox 클라우드에 보관하고 싶을 것입니다. (물론 용량 확장도 필요할 것입니다.) 하지만 적절한 백업이 있다면, 여러분 또는 여러분의 전자 버전은 슈나이더 박사의 표현대로 "필연적으로 죽을 수밖에 없는 육체에서 벗어나" 영원히, 아니 적어도 아주 오랫동안 "얽매이지 않은 채" 살 수 있습니다.[13]

패턴주의의 또 다른 지지자는 신경과학자이자 '뇌 보존 재단Brain Preservation Foundation'의 대표인 켄 헤이워스Ken Hayworth인데, 그는 패턴주의에 대한 저의 비판에 짜증을 냈습니다. 그에게 있어 마음이 하나의 프로그램이라는 것은 다음에서 보는 바와 같이 명백한 것입니다.

> 똑똑한 사람들이 이런 철학적 함정에 계속 빠진다는 점이 항상 저를 놀라게 합니다. 어떤 로봇(예: R2D2)의 소프트웨어와 메모리를 복사하여 새로운 로봇 본체에 넣는 것에 대해 논의할 때, 우리는 그 로봇이 '동일한' 로봇인지에 대해 철학적으로 걱정하지 않습니다. 마치 오래된 노트북에서 새 노트북으로 데이터와 프로그램을 복사하는 것에 대해 걱정하지 않는

> 것처럼 말이죠. 동일한 데이터와 소프트웨어가 탑재된 노트북 두 대가 있다면, 한 대가 다른 한 대의 RAM에 '마술처럼' 액세스할 수 있는지 물어볼까요? 물론 아닙니다.[14]

그렇다면 소프트웨어 견해가 맞을까요? 아니요. 마음에 대한 소프트웨어적 접근은 크게 잘못되었습니다. 뇌가 계산적이라고 말하는 것은 제가 상당히 좋아하는 인지과학의 연구 패러다임입니다. (저의 이전 저서인 『사고의 언어The language of thought』를 참조하세요.) 소프트웨어 견해는 종종 뇌에 대한 계산적 접근의 핵심적인 부분으로 간주되지만, 마음의 본질에 대한 많은 형이상학적 접근 방식들이 뇌에 대한 계산주의 접근 방식과 양립할 수 있습니다.[15] 그리고 곧 설명하겠지만, 마음이나 자아가 소프트웨어라는 견해는 우리가 버려야 할 것입니다.

비판에 들어가기 전에 소프트웨어 견해의 중요성에 대해 조금 더 말씀드리겠습니다. 이 문제가 중요한 이유는 적어도 두 가지입니다. 첫째, 소프트웨어 견해가 옳다면 패턴주의는 5장과 6장에서 지적한 것보다 더 그럴듯합니다. 시공간적 불연속성 및 중복과 관련된 저의 반대는 기각되겠지만, 패턴의 변경이 생존과 양립할 수 있는 경우와 그렇지 않은 경우를 결정하는 것과 같은 다른 문제들은 남습니다.

둘째, 소프트웨어 견해가 옳다면 마음의 본질에 대한 설명을 제공한다는 점에서 흥미로운 발견이 될 것입니다. 특히 마음-몸 문제라고 알려진 철학적 핵심 퍼즐을 풀 수 있을지도 모릅니다.

## 마음-몸의 문제

중요한 프레젠테이션을 앞두고 카페에 앉아 공부하고 있다고 가정해봅시다. 한 모금 마신 에스프레소를 맛보고, 불안감을 느끼고, 아이디어를 떠올리고, 에스프레소 머신의 굉음을 들으며 시간을 보냅니다. 이러한 생각의 본질은 무엇일까요? 단순히 뇌의 물리적 상태의 문제일까요, 아니면 그 이상의 무언가일까요? 이와 관련하여 마음의 본질은 무엇일까요? 마음은 단지 물리적인 것일까요, 아니면 뇌의 입자 구성 이상의 어떤 것일까요?

이러한 질문은 마음-몸 문제를 제기합니다. 이 문제는 과학이 탐구하는 세계 내에서 정신을 어디에 위치시킬 것인가 하는 문제입니다. 마음-몸 문제는 앞서 언급한 의식의 난제, 즉 물리적 과정에 주관적인 느낌이 수반되는 이유에 대한 수수께끼와 밀접한 관련이 있습니다. 그러나 난제의 초점은 의식인 반면, 마음-몸 문제는 보다 일반적으로 정신 상태에, 심지어 무

의식적인 정신 상태에 초점을 맞춥니다. 그리고 이러한 상태가 왜 존재해야 하는지를 묻는 대신, 과학이 조사하는 것과 어떤 관련이 있는지 알아내려고 합니다.

마음-몸 문제에 대한 현대의 논쟁은 50여 년 전에 시작되었지만, 소크라테스 이전 그리스 시대부터 몇 가지 고전적인 입장들이 등장하기 시작했습니다. 문제가 더 쉬워지지는 않습니다. 물론 몇 가지 흥미로운 해결책들이 있습니다. 하지만 개인 정체성에 대한 논쟁과 마찬가지로 논란의 여지가 없는 해결책은 보이지 않습니다. 그렇다면 소프트웨어 견해는 이 고전적인 철학적 문제를 해결할 수 있을까요? 이 문제에 대한 영향력 있는 몇 가지 입장들을 고려해보고, 소프트웨어 견해와 어떻게 비교되는지 살펴봅시다.

### 범심론

범심론은 실재의 가장 작은 층위에도 경험이 있다고 주장합니다. 기본 입자는 미세한 수준의 의식을 가지고 있으며, 약화된 의미로 말하면 경험의 주체가 됩니다. 입자가 신경계와 같이 매우 정교한 구성에 있을 때는 더 정교하고 인식 가능한 형태의 의식이 발생합니다. 범심론은 엉뚱해 보일 수 있지만, 범심론자는 그들의 이론이 실제로 근본적인 물리학에 부합한다고 말할 것입니다. 왜냐하면 경험은 물리학이 규명하는 속성의 근본적인 성질이기 때문입니다.

### 실체 이원론

이 고전적인 견해에 따르면, 실재는 두 가지 종류의 실체, 즉 물리적 개체(예: 몸, 뇌, 바위)와 비물리적 개체(예: 마음, 자아 또는 영혼)로 구성됩니다. 여러분은 개인적으로 비물질적인 마음이나 영혼이 존재한다는 견해를 거부할 수도 있겠지만, 과학 하나만으로는 그 견해를 배제할 수 없습니다. 가장 영향력 있는 철학적 실체 이원론자인 르네 데카르트René Descartes는 비물리적 정신의 작용이 적어도 일생 동안은 뇌의 작용과 일치한다고 생각했습니다.[16] 현대의 실체 이원론자들은 정교한 무신론적 입장뿐만 아니라 흥미롭고 똑같이 정교한 유신론적 입장도 제시합니다.

### 물리주의 (또는 유물론)

5장에서 물리주의에 대해 간략하게 설명했습니다. 물리주의에 따르면, 마음도 다른 실재와 마찬가지로 물리적 존재입니다. 모든 사물은 물리학이 기술하는 어떤 것으로 구성되거나, 물리학 이론에 등장하는 근본적인 속성, 법칙 또는 물질입니다. (여기서 '물리학 이론'이란 완성된 물리학이 밝혀낸 모든 것에 대한 최종 이론의 내용을 가리키는 말입니다.) 비물질적인 마음이나 영혼은 존재하지 않으며, 우리의 모든 생각은 궁극적으로 물리적 현상에 불과하다는 것입니다. 이 입장은 "유물론"이라고 불렸지만, 지금은 통상 "물리주의"라고 부릅니다. 실체 이원론에서 주장하는 것처럼 제2의 비물질적 영역은 존재하지 않기 때문에, 물리주의는 일반적으로 일원론의 형태로 간주됩니다. 즉, 실재에 하나의 근본적인 유형이, 이 경우에는 물리적 개체의 범주가 존재한다는 주장입니다.

### 속성 이원론

이 입장의 출발점은 의식이라는 난제입니다. 속성 이원론을 지지하는 사람들은 "왜 의식이 존재해야 하는가?"라는 질문에 대한 최선의 답은 의식이 어떤 복잡한 시스템의 근본적인 특징이라고 믿습니다. (보통 이러한 특징은 생물학적인 뇌에서 비롯된다고 봅니다만, 언젠가는 합성 지능도 그러한 특징을 갖게 될지도 모릅니다.) 실체 이원론자들과 마찬가지로 속성 이원론자들은 현실이 두 개의 뚜렷한 영역으로 나뉜다고 주장합니다. 그러나 속성 이원론자들은 영혼과 비물질적인 마음의 존재를 거부합니다. 사고 체계는 물리적인 것이지만 비물리적 속성(또는 특징)을 가지고 있습니다. 이러한 비물리적 속성은 근본적인 물리적 속성과 함께 현실의 기본 구성 요소이지만, 범심론과 달리 이러한 기본적 특징은 미시적인 것이 아니라 복잡한 시스템의 특징이라고 봅니다.

## 관념론

관념론은 다른 관점보다 인기가 덜하지만 역사적으로 중요한 의미를 지니고 있습니다. 관념론자들은 근본적인 실재는 마음과 같다고 주장합니다. 이 견해를 지지하는 일부 사람들은 범심론자이지만, 범심론자는 실재에는 마음이나 경험보다 더 많은 것이 있다고 주장하며 관념론을 거부할 수도 있습니다.[17]

마음의 본질에 대한 흥미로운 접근 방식은 많지만, 저는 가장 영향력 있는 접근 방식에 초점을 맞추었습니다. 독자들이 마음-몸 문제에 대한 해결책을 더 자세히 고려하고 싶다면 몇 가지 훌륭한 입문서를 참고할 수 있습니다.[18] 이제 이러한 입장을 고려했으니 소프트웨어 견해로 돌아가서 어떤지 살펴보겠습니다.

## 소프트웨어 견해를 평가하다

소프트웨어 견해에는 두 가지 초기 결함이 있는데, 이 둘은 모두 개선될 수 있다고 생각합니다. 첫째, 모든 프로그램이 마음을 가지지는 않습니다. 적어도 우리가 일반적인 의미의 마음, 즉 뇌와 같은 고도로 복잡한 시스템만이 가지고 있는 마음을 생각한다면 스마트폰의 아마존 앱이나 페이스북 앱은 마음을 가지고 있지 않습니다. 만약 마음이 프로그램이라면, 그것은 심리학과 신경과학과 같은 분야에서는 설명하기 어려운 복잡한 층위를 가지고 있는 매우 특별한 종류의 프로그램입니다. 두 번째 문제는 앞서 살펴본 것처럼 의식이 우리 정신생활의 핵심이라는 점입니다. 경험을 할 수 없는 프로그램인 좀비 프로그램은 마음을 가진 존재가 아닙니다.

그러나 소프트웨어 견해의 지지자가 이러한 비판 중 하나 또는 둘 모두에 동의하더라도 자신의 관점을 정당화할 수 있기 때문에 이러한 지적은 결정적인 반대 근거가 아닙니다. 예를 들어, 두 가지 비판에 모두 동의하는 경우 다음과 같은 방식으로 소프트웨어 견해를 제한할 수 있습니다.

> 마음은 의식 있는 경험을 할 수 있는 매우 정교한 종류의 프로그램이다.

하지만 세부 사항을 추가한다고 해서 제가 제기할 심층적인 문제가 해결되는 것은 아닙니다.

소프트웨어 견해가 타당한지 판단하기 위해 다음과 같이 질

그림 9

문해 보겠습니다. 프로그램이란 무엇인가요? 그림 9에서 알 수 있듯이, 프로그램은 컴퓨터 코드 줄로 이루어진 명령어 목록입니다. 코드 줄은 컴퓨터가 어떤 작업을 수행할지 알려주는 프로그래밍 언어로 된 명령입니다. 대부분의 컴퓨터는 여러 개의 프로그램을 실행할 수 있으며, 이러한 방식으로 컴퓨터에서 새로운 능력을 추가하거나 삭제할 수 있습니다.

코드 한 줄은 수학 방정식과 같습니다. 매우 추상적이며, 주변의 구체적인 물리적 세계와 극명한 대조를 이룹니다. 여러분은 돌을 던질 수 있습니다. 커피 잔을 들어 올릴 수도 있습니다. 하지만 방정식을 던지려고 시도해 보십시오. 방정식은 추상적인 개체이며, 공간이나 시간에 존재하지 않습니다.

프로그램이 추상적이라는 점을 이해했으니, 소프트웨어 견해의 심각한 결함을 찾을 수 있습니다. 마음이 프로그램이라면, 마음은 프로그래밍 코드로 된 긴 명령어들에 불과합니다. 소프트웨어 견해는 마음이 추상적인 개체라고 말합니다. 하지만 이것이 무엇을 의미하는지 생각해보세요. 수리철학 분야에서는 방정식, 집합, 프로그램과 같은 추상적 개체의 본질을 연구합니다. 추상적 개체는 비공간적, 비시간적, 비물리적, 비인과적이라는 점에서 비구체적이라고 합니다. 이 페이지에 "5"라는 문구가 있지만, 문구와 달리 실제 숫자는 어디에 위치하지 않습니다. 추상적인 개체는 공간이나 시간에 위치하지 않으며, 물리적 대상이 아니며, 시공간적 다양체에서 사건을 발생시키지 않습니다.

어떻게 마음이 방정식이나 숫자 2처럼 추상적인 개체가 될 수 있을까요? 이는 범주화의 오류인 것 같습니다. 우리는 공간적 존재이자 인과적 행위자이고, 우리 마음에는 우리로 하여금 구체적인 세상에서 행동하도록 하는 상태가 존재합니다. 그리고 우리는 순간순간을 지나 보내는 시간적 존재입니다. 따라서 마음은 프로그램처럼 추상적인 개체가 아닙니다. 여기서 여러분은 프로그램도 세상에서 행동한다고 생각할 수 있습니다. 예를 들어, 컴퓨터가 고장 났을 때는 어떻습니까? 프로그램이 고장을 야기하지 않았나요? 그러나 이것은 프로그램을 프로그램의 인스턴스 하나와 혼동한 것입니다. 예를 들어, 윈도우가 실행 중일 때 윈도우 프로그램은 특정 컴퓨터 내의 물리적 상태에 의해 구현됩니다. 고장 난 것은 이 컴퓨터 그리고 관련된 프로세스입니다. 우리는 프로그램 고장이라고 말할 수 있지만, 자세히 살펴보면 알고리즘이나 일련의 코드들(즉, 프로그램)이 문자 그대로 고장 나거나 고장을 일으키는 것은 아닙니다. 특정 기계의 전자 상태가 고장을 일으킵니다.

따라서 마음은 프로그램이 아닙니다. 또한 마음을 업로드하는 것이 킴이나 다른 사람들이 생존할 수 있는 진정한 수단인지 의심할 이유가 여전히 있습니다. 제가 이 책의 후반부에서 강조한 바와 같이, 시간이 지나도 지속되는 자아가 있고, 인간의 뇌를 완전히 업로드하는 기술이 개발되더라도 생물학적 뇌의 기능을 점진적으로 회복하고 조심스럽게 강화하는 생물학적 기반 강화가 장수와 정신 능력 향상을 위한 더 안전한 경로입니다. 융합 낙관론자들은 심리적 연속성의 급격한 변화나 기질의 급진적인 변화를 모두 지지하는 경향이 있습니다. 적어도 지속적인 자아 같은 것이 있다고 믿는다면 이 두 유형의 강화는 위험해 보입니다.

5장과 6장에서도 이 점을 강조했지만, 거기서 저의 근거는 소프트웨어 견해의 추상적 성격에 관한 것이 아니었습니다.

여기서 저의 경고는 인간의 본질에 대한 상반된 이론들 중 어느 것이 옳은지에 대한 형이상학 논쟁에서 비롯되었습니다. 이로 인해 우리는 급진적 또는 온건한 강화가 생존과 양립할 수 있는지에 대해 갈피를 못 잡게 되었습니다. 이제 우리는 인간의 생존에 대한 패턴주의에 결함이 있듯이 이와 관련된 소프트웨어 견해에도 문제가 있다는 것을 알 수 있습니다. 전자는 인격의 본질에 대한 우리의 이해에 위배되는 반면, 후자는 그들이 가지고 있지 않은 추상적 개념에 물리적 중요성을 부여합니다.

하지만 제가 소프트웨어 견해를 거부했다는 사실에서 섣부른 결론을 이끌어내지 말라고 당부하고 싶습니다. 앞서 언급했듯이 인지과학에서 마음에 대한 계산적 접근은 훌륭한 설명 체계입니다.[19] 그러나 이 체계는 마음이 프로그램이라는 견해를 수반하지는 않습니다. 네드 블록Ned Block의 논문인 「뇌의 소프트웨어로서 마음The Mind as the Software of the Brain」을 생각해보세요.[20] 제가 분명 동의할 수 없는 제목을 제외하고 봤을 때, 이 논문은 뇌가 계산적이라는 견해의 여러 핵심 측면을 예리하게 설명합니다. 지능과 작업 기억과 같은 인지 능력은 기능적 분해 방법을 통해 설명할 수 있고, 정신 상태는 여러 가지로 실현 가능하며, 뇌는 의미론적 엔진을 구동하는 구문론적 엔진이라는 것입니다. 블록은 마음에 대한 계산적 접근 방식의 주요 특징을 분리하여 인지과학의 설명 체계를 정확하게 기술하고 있습니다. 그러나 이 중 어느 것도 마음이 프로그램이라는 형이상학적인 입장을 수반하지 않습니다.

그렇다면 소프트웨어 견해는 실행 가능한 입장이 아닙니다. 이제 트랜스휴머니스트나 융합 낙관주의자가 마음의 본질에 대해 더 실현 가능한 계산주의적 접근법을 제시할 수 있는지 궁금할 수도 있습니다. 때마침 저는 한 가지 제안을 합니다. 저는 마음이 프로그램 그 자체가 아니라 프로그램의 인스턴스, 즉 주어진 프로그램의 실행이라는 트랜스휴머니즘적 견해를 표현할 수 있다고 생각합니다. 이 수정된 견해가 표준 소프트웨어 견해보다 더 나은지 물어볼 필요성이 생겼습니다.

## 데이터 소령은 죽지 않는가?

〈스타트렉: 넥스트 제너레이션Star Trek: The Next Generation〉에 등장하는 안드로이드인 소령 데이터 씨를 떠올립시다. 그가 적대적인 행성에서 자신을 해체하려는 외계인들에 둘러싸여 곤경에 처했다고 가정해 보겠습니다. 그는 최후의 수단으로 자신의 인공 두뇌를 엔터프라이즈호의 컴퓨터에 재빨리 업로드합니다. 그가 살아남을 수 있을까요? 그리고 원칙적으로 그는 곤경에 처할 때마다 이 작업을 수행하여 죽지 않을 수 있을까요?

데이터 씨나 그 누구의 마음도 소프트웨어 프로그램이 아니라는 제 말이 맞다면, 이는 업로드를 포함한 인공지능이 불멸을 달성할 수 있는지, 아니면 우리가 "기능적 불멸"이라고 부르는 것을 달성할 수 있는지에 대한 질문과 관련이 있습니다. (제가 '기능적 불멸functional immortality'이라고 쓴 이유는 우주가 결국 어떤 생명체도 피할 수 없는 열사 를 겪을 수 있기 때문입니다. 하지만 다음부터는 이런 지엽적인 부분은 신경 쓰지 않겠습니다.)

흔히 인공지능은 자신의 백업 복사본을 만듦으로써 기능적 불멸을 달성할 수 있고, 그래서 사고 발생 시 자신의 의식을 한 컴퓨터에서 다른 컴퓨터로 옮길 수 있다고 믿습니다. 이러한 견해는 공상과학 소설에서 권장하지만, 저는 잘못된 생각이라고 봅니다. 인간이 자신을 업로드하고 다운로드하여 기능적 불멸을 달성할 수 있을지 의문인 것처럼, 인공지능이 진정으로 살아남을 수 있을지 의문을 가질 수 있습니다. 특정 마음이 프로그램이나 추상화가 아니라 구체적인 개체인 한에서, 특정 인공지능 마음은 우리처럼 사고에 의해 파괴되거나 해당 부분이 퇴화되기 쉽습니다.

물론 분명치 않습니다. "인공지능"이 개별 존재인 특정 인공지능을 지칭하는지 추상적 실체인 일종의 인공지능 시스템을 의미하는지 모호하다는 사실 또한 알아야 합니다. 비유하자면, "쉐보레 임팔라"는 대학 졸업 후 구입한 낡은 자동차를 의미할 수도 있고, 자동차의 유형(즉, 제조사 및 모델)을 의미할 수도 있습니다. 이는 차를 폐차하고 부품으로 판매한 후에도 지속될 수 있습니다. 따라서 생존에 대한 주장을 모호하지 않게 하는 것이 중요합니다. 프로그램 유형을 "마음 유형"이라고 말하는 사람이라면, 생존에 대한 두 가지 약화된 개념에 따라 이 유형은 업로드에서 "생존한다"고 말할 수 있습니다. 첫째, 적어도 원칙적으로 업로드된 인간 두뇌의 완벽한 복사본이 포함된 기계는 업로드 절차에 의해 파괴되기 전에 그 두뇌가 실행했던 것과 동일한 프로그램을 실행할 수 있습니다. 비록 단 하나의 의식 있는 존재가 지속되지는 않더라도 그 마음 유형은 "생존합니다". 둘째, 프로그램은 추상적인 개체로서 시간을 초월합니다. 그것은 시간적 존재가 아니기 때문에 존재하기를 멈추지 않습니다. 그러나 이것은 진정한 의미에서 "생존"이 아닙니다. 특정한 자아나 마음은 이 두 가지 의미에서 생존하지 못합니다.

매우 추상적인 이야기입니다. 데이터 소령의 예로 돌아가 보겠습니다. 데이터 씨는 특정한 인공지능이므로 파괴에 취약합니다. 이런 유형의 다른 안드로이드(개개 인공지능들 자체)가 있을 수 있지만, 그들의 생존이 데이터 씨의 생존을 보장하는 것이 아니라 데이터 씨의 마음 유형의 "생존"을 보장할 뿐입니다. (앞서 설명한 약화된 생존의 의미를 언급하고 있다는 것을 나타내기 위해 "생존"을 큰따옴표로 묶어 썼습니다.)

다시 시나리오로 돌아가, 데이터 씨는 적대적인 행성에서 자신을 파괴하려는 외계인들에 둘러싸여 있습니다. 그는 재빨리 자신의 인공 두뇌를 엔터프라이즈호의 컴퓨터에 업로드합니다. 그는 살아남을 수 있을까요? 제가 보기에 우리는 이제 그 특정 컴퓨터가 실행하는 데이터 씨 마음 유형의 별개 인스턴스(또는 철학자들이 흔히 말하는 "토큰")를 갖게 되었습니다. 이 토큰을 다시 업로드(그 토큰의 마음을 다른 컴퓨터로 전송하는 것)하면 컴퓨터가 파괴되어도 살아남을 수 있을까요? 아니요, 업로드는 단지 같은 유형의 다른 토큰을 생성할 수 있습니다. 개인의 생존은 유형 수준이 아니라 토큰 수준에서 어떤 상황에 놓여 있는지에 달려 있습니다.

또한 특정 인공지능은 그 부품의 내구성이 뛰어나다면 매우 오래 살 수 있다는 점을 강조할 필요가 있습니다. 아마도 데이터 씨는 사고를 피하고 부품이 마모되면 교체됨으로써 기능적 불멸을 달성할 수 있을 것입니다. 이 경우 데이터 씨의 생존은 그의 프로그램을 하나의 물리적 대상에서 다른 대상으로 옮기는 방식으로 이루어지지 않기 때문에, 제 견해는 이 시나리오와 양립할 수 있습니다. 인간이 시간이 지남에 따라 점진적으로 부품을 교체해도 살아남는다는 것을 기꺼이 인정한다면,

인공지능의 경우에도 이를 인정하지 않을 이유가 있을까요? 물론 5장에서 저는 인간이 뇌의 일부를 교체한 후에도 살아남을 수 있는지는 논란의 여지가 있다고 강조한 바 있습니다. 데렉 파핏, 프리드리히 니체, 부처 등이 제안한 것처럼 자아는 아마도 환상일 수 있습니다.

## 마음은 프로그램의 인스턴스인가

데이터 씨에 대한 논의의 핵심 주장은 생존이 토큰 수준에서 이루어진다는 것입니다. 하지만 이 관찰을 어디까지 확장할 수 있을까요? 마음은 프로그램이 아니지만, 프로그램을 실행하거나 프로그램의 정보 패턴을 저장하는 것, 즉 프로그램의 인스턴스가 될 수 있을까요? 프로그램을 인스턴스화하는 것은 구체적인 개체, 즉 컴퓨터이지만, 엄밀히 말하면 프로그램 인스턴스에는 컴퓨터의 회로뿐만 아니라 프로그램이 실행될 때 컴퓨터에서 발생하는 물리적 이벤트도 포함됩니다. 시스템에서 물질과 에너지의 패턴은 프로그램의 요소(예: 변수, 상수)에 사소하지 않은 방식으로 대응됩니다.[21] 이 입장을 소프트웨어 인스턴스화 견해the Software Instantiation View of the Mind라고 부릅니다.

**마음에 대한 소프트웨어 인스턴스화 견해(SIM)**

마음은 프로그램을 실행하는 개체이다. (여기서 프로그램이란 뇌가 구현하는 알고리즘으로, 원칙적으로 인지 과학에서 발견할 수 있다.)

그러나 이 새로운 입장은 융합 낙관주의자에게 적합하지는 않습니다. "마음은 뇌의 소프트웨어다"라는 슬로건이 이 견해를 정확히 표현한 것은 아닙니다. 오히려 이 견해는 마음이 프로그램을 실행하는 개체라고 주장합니다. SIM이 소프트웨어 견해와 얼마나 다른지 보려면, SIM은 킴이 업로드 후에도 살아남을 수 있다고 시사하지 않는다는 점에 유의하세요. 앞서 언급한 시공간적 불연속성과 관련된 우려가 여전히 적용됩니다. 수정된 패턴주의와 마찬가지로, 업로드 또는 다운로드는 동일한 프로그램을 가진다 할지라도 원본과 동일한 사람이 아닙니다.

이상의 정의는 프로그램이 뇌에서 실행된다는 것을 명시하지만, 실리콘 기반 컴퓨터와 같은 다른 기질로 쉽게 확장할 수 있습니다.

**마음에 대한 소프트웨어 인스턴스화 견해(SIM*)**

마음은 프로그램을 실행하는 개체이다. (여기서 프로그램은 뇌 또는 기타 인지 시스템이 구현하는 알고리즘으로, 원칙적으로 인지과학에서 발견할 수 있다.)

SIM*은 원래의 소프트웨어 견해와 달리 마음을 추상적인 것으로 간주하는 범주화 오류를 피합니다. 하지만 원래의 소프트웨어 견해 및 관련된 패턴주의적 입장과 마찬가지로, SIM*은 인지과학에서의 뇌에 대한 계산적 접근법에서 비롯됩니다.

SIM*이 마음-몸 문제에 대한 실질적인 접근법을 제공하나요? 이 견해는 프로그램을 실행하는 것(즉, 마음)의 근본적인 형이상학적 본질에 대해 알려주지 않았습니다. 따라서 이 견해는 정보가 부족합니다. 소프트웨어 인스턴스화 접근법이 마음의 본질에 대한 유익한 이론이 되려면 앞서 언급한 마음의 본질에 대한 각 견해들에 대해 입장을 취할 필요가 있습니다.

예를 들어, 범심론을 보겠습니다. 프로그램을 인스턴스화하는 시스템은 고유한 경험을 가진 기본 요소들로 구성되어 있을까요? SIM*은 이 질문에 답하지 않습니다. 또한 SIM*은 모든 것이 물리학으로 기술 가능한 것으로 만들어졌거나 물리학 이론에 등장하는 근본적인 속성, 법칙 또는 물질이라는 견해인 물리주의와 양립할 수 있습니다.

속성 이원론 또한 마음이 프로그램의 인스턴스라는 견해와 양립할 수 있습니다. 예를 들어, 가장 널리 알려진 견해인 데이비드 차머스의 자연주의적 속성 이원론을 생각해보세요. 차머스에 따르면, '석양의 풍부한 색조를 보거나', '에스프레소의 향기를 맡는 것'과 같은 특징은 우리의 복잡한 구조에서 나오는 속성입니다. 이러한 근본적인 의식 속성은 범심론과 달리 소립자(또는 연결체)에서 발견되지 않으며, 고도로 복잡한 시스템에 내재되어 더 높은 수준에 있습니다. 그럼에도 불구하고 이러한 속성은 실재의 기본 특징입니다.22 따라서 물리학이 아무리 정교해져도 불완전할 수밖에 없는 이유는 근본적인 속성에는 물리적인 속성 외에도 비물리적인 새로운 속성이 존재하기 때문입니다. 프로그램을 실행하는 시스템에는 비물리적이지만 그 자체로 실재의 근본적인 특징인 어떤 속성이 있을 수 있기 때문에 SIM*은 이러한 관점과 양립할 수 있다는 점에 유의해야 합니다.

실체 이원론은 현실이 두 가지 종류의 실체, 즉 물리적 개체(예: 몸, 뇌, 바위)와 비물리적 개체(예: 마음, 자아, 영혼)로 구성되어 있다고 주장합니다. 비물리적 실체는 프로그램을 실행하는 일종의 개체일 수 있으므로 SIM*은 실체 이원론과 양립할 수 있습니다. 이상하게 들릴 수 있으므로 이러한 이야기가 어떻게 진행될지 생각해볼 필요가 있습니다. 자세한 내용은 어떤 종류의 실체 이원론이 작용하는지에 따라 달라집니다.

데카르트와 같이 실체 이원론자는 마음이 전적으로 시공간 밖에 있다고 말한다고 가정해봅시다. 데카르트에 따르면, 마음이 시공간 안에 있지 않지만, 사람의 일생 동안 마음은 여전히 뇌에 상태를 일으킬 수 있으며 그 반대의 경우도 마찬가지입니다.[23] (어떻게 그럴 수 있을까요? 유감스럽게도 데카르트는 뇌의 송과선에서 마음과 뇌의 상호 작용이 일어난다고 주장했지만, 구체적인 설명을 제시하지 않았습니다.)

프로그램 인스턴스화 견해는 데카르트 이원론과 어떻게 양립할 수 있을까요? 이 경우 마음이 프로그램의 인스턴스화라면 시공간 밖에 있는 비물리적 개체가 될 것입니다. 사람의 세속적인 삶에서 마음이 뇌의 상태를 유발합니다. (그러나 비물리적 마음은 인과적, 시간적 속성을 가지고 있기 때문에 추상적 개체가 아니라는 점에 유의하세요. 비공간적이라는 것은 추상적이기 위한 필요조건이지만 충분조건은 아닙니다.) 우리는 이러한 관점을 '계산적 데카르트주의Computational Cartesianism'라고 부를 수 있습니다. 이상하게 들릴지 모르지만, 철학자 힐러리 퍼트남Hilary Putnam과 같은 기능주의 전문가들은 튜링 머신의 계산이 데카르트적 정신에서 구현될 수 있다는 사실을 오래전부터 인식해 왔습니다.[24]

계산적 데카르트주의가 제시하는 마음과 몸의 인과관계에 대한 그림이 당혹스럽고, 또한 마음이 시공간적이지 않지만 어떻게든 물리적 세계와 인과관계에 있다는 원래의 데카르트적 견해도 마찬가지입니다.

모든 실체 이원론이 이렇게 급진적인 것은 아닙니다. 예를 들어, E. J. 로우E. J. Lowe가 주장한 비데카르트적 실체 이원론을 생각해보세요. 로우는 자아가 몸과 구별된다고 주장했습니다. 그러나 데카르트의 이원론과 달리 로우의 이원론은 마음이 몸과 분리될 수 있다거나 비공간적이라고 주장하지 않습니다. 마음은 몸 없이는 존재할 수 없으며, 시공간적이기 때문에 모양과 위치와 같은 속성을 지니고 있다고 인정합니다.25

로우는 왜 이런 입장을 취했을까요? 자아는 다양한 종류의 물리적 기질에서 생존할 수 있기 때문에 몸과는 다른 지속성 조건을 가지고 있다고 로우는 믿었습니다. 우리는 지속성에 대한 이러한 주장이 논란의 여지가 있다는 것을 보았습니다. 그러나 지속성에 대한 로우의 직관을 공유할 필요는 없습니다. 여기서 요점은 단순히 다른 비데카르트적 실체 이원론 입장을 제기하는 것입니다. 프로그램의 인스턴스화도 이런 종류의 비물리적 마음일 수 있기 때문에, SIM*은 비데카르트적 실체 이원론과 양립할 수 있습니다. 마음이 자연 세계의 일부이기 때문에, 이 입장은 데카르트주의보다 무시하기 더 어렵습니다. 하지만 소프트웨어 인스턴스화 견해는 여전히 이에 대해 침묵하고 있습니다.

본질적으로 SIM*은 마음이 추상적이라는 무리한 주장을 하지는 않지만, 마음이 프로그램을 실행하는 것이라는 점을 제외하면 마음의 본질에 대해 말해주는 것이 거의 없습니다. 데카르트의 마음, 근본적인 경험적 속성으로 이루어진 시스템 등 아무것이나 원칙적으로 그렇게 할 수 있습니다. 그렇다면 이것은 마음-몸 문제에 대한 입장이 아닙니다.

이 시점에서 SIM*을 지지하는 사람들은 시간에 대한 마음의 지속성과 관련된, 형이상학적으로 독립된 구체적인 다른 종류의 주장을 하려고 한다고 말할 수 있습니다. 아마도 그들은 다음과 같은 견해를 가지고 있을 것입니다.

> T 유형의 프로그램 인스턴스화가 되는 것은 마음의 '필수적인 속성'이며, 그것이 없으면 마음이 지속될 수 없다.

우발적 속성이란 가지고 있지 않더라도 여러분이 여전히 존재할 수 있는 속성이라는 점을 기억하세요. 예를 들어, 머리 색깔은 바꿀 수 있습니다. 이와 대조적으로 본질적인 속성은 우리에게 필수적인 것입니다. 앞서 우리는 인간의 지속성에 대한 논쟁을 살펴봤습니다. 비슷한 맥락에서 SIM*의 지지자는 프로그램 T의 인스턴스가 자신의 마음을 유지하는 데 필수적이며, 만약 T가 다른 프로그램 P로 바뀌면 그 마음은 존재하지 않는다고 말할 수 있습니다.

이것이 그럴듯한 입장일까요? 한 가지 문제는 프로그램이 알고리즘에 불과하기 때문에 알고리즘의 한 줄이라도 바뀌면 프로그램도 바뀐다는 것입니다. 뇌의 시냅스 연결은 새로운 학습을 반영하기 위해 끊임없이 변경되며, 새로운 기술과 같은 무언가를 배우면 "프로그램"에 변화가 생깁니다. 그러나 프로그램이 바뀌면, 그 마음은 더 이상 존재하지 않고 새로운 마음이 시작됩니다. 평범한 학습이 마음의 죽음을 의미한다는 결론이 나와서는 안 되겠죠.

그러나 프로그램 인스턴스화 견해를 지지하는 사람들은 이 반박을 재반박할 수 있습니다. 그들은 프로그램이 역사적 발전을 보여줄 수 있다고, 즉 t 시점에 $T_1$ 유형의 알고리즘으로 표현되고, 그 이후의 시점에 $T_1$의 수정된 버전인 알고리즘 $T_2$로 표현될 수 있다고 말할 수 있습니다. 엄밀히 말하면 $T_1$과 $T_2$는 적어도 몇 가지 다른 명령어로 구성된 별개의 알고리즘이지만, $T_1$은 $T_2$의 조상입니다. 그래서 프로그램이 연속됩니다. 이 관점에서 보면, 사람은 어떤 프로그램의 인스턴스이며, 그 프로그램은 특정 방식으로 변경될 수 있지만 여전히 동일한 프로그램으로 남아 있을 수 있게 됩니다.

## 강, 개울, 자아

이 견해는 인간이 패턴이 아니라 패턴의 인스턴스라고 주장하도록 수정된, 앞서 언급한 트랜스휴머니스트의 "패턴주의" 견해에 불과합니다. 앞서 "수정된 패턴주의"라는 유사한 견해에 대해 논의했습니다. 우리는 원점으로 돌아왔습니다. 커즈와일의 다음 발언을 떠올려봅시다.

> 저는 마치 개울에서 흐르는 물이 바위를 지나면서 만들어내는 패턴과 같습니다. 실제 물의 분자는 매 일천분의 일초마다 변하지만 패턴은 몇 시간 또는 몇 년 동안 지속됩니다.[26]

물론 커즈와일은 시간이 지나면 패턴이 바뀔 것임을 알고 있습니다. 결국, 이것은 특이점 시기에 포스트휴먼이 되는 것에 관한 그의 책에 나오는 구절입니다. 커즈와일의 다음 발언은 여러분에게도 공감을 불러일으킬 수 있습니다. 즉, 중요한 의미에서 여러분은 뇌의 변화에도 불구하고 1년 전과 같은 사람으로 보일 수 있으며, 어쩌면 작업 기억 시스템의 강화와 같은 새로운 신경 회로가 추가되거나 많은 기억을 잃어도 살아남을 수 있을지도 모릅니다. 그렇다면 여러분은 강이나 개울과 같은 존재입니다.

아이러니한 사실은 소크라테스 이전의 철학자 헤라클레이토스Heraclitus가 현실은 유동적이라는 견해를 표현하기 위해 강에 대한 은유를 사용했다는 것입니다. 즉, 지속되는 자아 또는 마음의 영속성을 포함해, 지속하는 것들은 환상입니다. 수천 년 전 헤라클레이토스는 "어떤 사람도 같은 강에 두 번 발을 들여놓을 수 없다. 왜냐하면 그것은 같은 강이 아니며 그는 같은 사람이 아니기 때문이다"[27]라고 썼습니다.

그러나 자아는 변화의 흐름 속에서도 살아남는다고 커즈와일은 말합니다. 수정된 패턴주의자들의 과제는 헤라클레이토스의 입장에 저항하는 것입니다. 즉, 끊임없는 변화 속에서도 영구적인 자아가 존재한다는 것을 보여주는 것이지 영속성이라는 단순한 환상을 보여주는 것이 아니라고 밝히는 것입니다. 수정된 패턴주의자들은 몸속에 있는 끊임없이 변화하는 분자의 헤라클레이토스적 흐름에 자아의 영속성을 부여할 수 있을까요?

여기서 우리는 익숙한 문제에 직면하게 됩니다. 패턴 구현이 계속되는 시점과 그렇지 않은 시점을 명확히 파악하지 못하면 소프트웨어 인스턴스화 견해에 호소할 충분한 근거가 없습니다. 5장에서 우리는 인간이 특정 패턴의 인스턴스라면, 그 패턴이 바뀌면 어떻게 될 것인가라는 질문을 던졌습니다. 죽게 되는 것일까요? 업로드와 같은 극단적인 경우는 그 답이 분명해 보였습니다. 그러나 노화의 영향을 극복하기 위해 나노봇에 의해 일상적으로 세포 관리를 받는다면, 그 사람의 정체성 자체에는 영향을 미치지 않는다고 생각할 수도 있습니다. 하지만 중간 범위의 경우가 불분명하다는 것을 앞서 보았습니다. 초지능으로 가는 길은 중간 범위에 있는 강화를 누적해, 시간이 지남에 따라 인지 및 지각 구성에 큰 변화를 가져오는 길일 수 있다는 점을 기억하세요. 또한 5장에서 살펴본 바와 같이 경계선을 선택하는 것이 자의적으로 느껴집니다. 이는 일단 하나의 경계선이 선택되면 그 경계선을 바깥으로 넓히는 예시가 얼마든지 나올 수 있다는 가능성 때문입니다.

따라서 소프트웨어 인스턴스화 견해를 지지하는 사람들이 지속성에 대한 입장을 염두에 두고 있다면, 옛날의 문제가 다시 불거집니다. 원점으로 돌아와서, 우리는 마음과 자아의 본질에 대한 이러한 미스테리가 얼마나 당혹스럽고 논쟁의 여지가 있는지 충분히 이해하게 되었습니다. 독자 여러분께 남기고 싶은 말이 있습니다. 마음의 미래를 위해서는 이러한 문제의 형이상학적 깊이를 이해하는 것이 필요합니다.

이제 킴의 사례로 돌아가 지금까지의 내용을 정리해 보겠습니다.

## 알코르로 돌아오다

킴이 사망한 지 3년 후, 조시는 킴의 유품을 모아 알코르로 돌아왔습니다. 그는 그녀가 다시 살아난다면 그녀가 찾을 수 있는 곳에 물건을 전해주겠다는 그녀와의 약속을 지키고 있었습니다.[28] 솔직히 이 장의 결론이 달라졌으면 좋았을 것 같습니다. 소프트웨어 견해가 옳았다면 적어도 원칙적으로 마음은 업로드, 다운로드, 재부팅이 가능한 존재가 될 수 있었습니다. 이렇게 되면 원할 경우 뇌의 사후 세계, 즉 킴과 같이 뇌가 죽어도 마음이 살아남을 수 있는 방식이 가능해집니다. 그러나 소프트웨어 견해는 마음을 추상적인 객체로 만든다는 사실을 우리는 압니다. 그래서 우리는 마음이 프로그램 인스턴스라는 관련 견해를 고려했습니다. 그 결과 프로그램 인스턴스화 견해도 업로드를 지지하지 않으며, 흥미로운 접근 방식이기는 하지만 형이상학적 관점에서 볼 때 마음의 본질에 대한 접근 방식으로는 적합하지 않다는 것을 알게 되었습니다.

킴의 냉동 보존에 대한 의학적 세부 사항은 알 수 없지만, 킴의 뇌 외층이 성공적으로 동결 보존되었다는 영상 증거가 있다는 뉴욕타임스 보도에서 저는 희망을 발견했습니다. 하몬이 지적했듯이, 뇌의 신피질은 기억과 언어의 중추로 인간 존재의 핵심으로 보입니다.[29] 손상된 부분을 생물학적으로 재구성하는 일은 인간 생존과 부합할 수 있을 것입니다. 예를 들어, 오늘날에도 해마 보철에 대한 연구가 활발히 진행되고 있는데, 해마와 같은 뇌의 부분은 다소 일반적이어서 생물학적 또는 인공지능 기반의 보철로 대체하더라도 사람의 정체성은 변하지 않을 수 있습니다.

물론 개인 정체성 논쟁은 당혹스럽고 논란이 많기 때문에, 여기에는 엄청난 불확실성이 존재한다고 저는 이 책 전반에서 강조했습니다. 하지만 킴이 처한 상황은 선택적으로 두뇌를 강화하고자 하는 사람, 예컨대 가상의 마인드 디자인 센터에 들어온 구매자의 경우와는 다릅니다. 강화 메뉴를 둘러보는 구매자는 강화가 너무 위험하다고 생각하여 거부할 수 있지만, 죽음을 목전에 둔 환자나 극저온에서 소생되는 보철물이 필요한 환자는 고위험 치료법을 추구함으로써 잃을 건 없지만 얻는 건 많을 수 있습니다.

극단적인 상황에서는 극단적인 대응도 통하는 법입니다. 기술이 완벽하다면 킴을 회생시키기 위해 신경 보철물을 하나 또는 여러 개 사용하기로 한 결정은 합리적으로 보입니다. 하지만 저는 킴의 뇌를 업로드하는 것이 소생의 한 형태가 될 것이라고 확신할 수 없습니다. 적어도 생존을 위한 수단으로서 뇌 업로드는 결함이 있는 개념적 토대에 기초하고 있습니다.

그렇다면 업로드 관련 프로젝트는 모조리 폐기해야 할까요?

업로드 기술이 원래의 약속인 디지털 불멸을 달성하지 못하더라도 인류에 도움이 될 수 있습니다. 예를 들어, 재앙으로 인해 지구가 생물학적 생명체가 살 수 없는 환경이 된다면, 업로드는 실제 인간 자체는 아니더라도 인간의 생활 방식과 사고방식을 보존하는 길이 될 수 있습니다. 그리고 이런 업로드된 것이 실제로 의식이 있다면, 인류의 구성원들이 멸종 위기에 직면했을 때 이것은 소중한 존재가 될 것입니다. 또한 업로드된 것이 의식이 없더라도 우주여행에 시뮬레이션된 인간의 마음을 사용하는 것은 생물학적 인간을 우주로 보내는 것보다 더 안전하고 효율적인 방법이 될 수 있습니다. 대중은 로봇의 임무가 더 효율적일지라도 인간의 우주 임무를 더 흥미롭게 생각하는 경향이 있습니다. 업로드된 마음을 활용한다면 대중의 흥미를 끌 수 있을 것입니다. 업로드된 이런 것이 인간이 살 수 없는 환경에서 생물학적인 인간을 위한 지형을 만들어나가는 작업을 수행할 수도 있습니다. 미래는 모르는 일입니다.

또한, 뇌의 일부 또는 전체를 업로드하면 우리가 학습할 수 있는 생물학적 뇌의 작동 에뮬레이션을 생성하는 데 도움이 될 수 있기 때문에, 뇌 업로드는 인간이나 인간이 아닌 동물에게 도움이 되는 강화 기술 및 뇌 치료법 개발을 촉진할 수 있습니다. 인간 수준의 지능에 필적하는 인공지능을 개발하고자 하는 인공지능 연구자들에게는 유용한 수단이 될 수 있습니다. 어쩌면 인간으로부터 창조된 인공지능이 인간에게 자비를 베풀 가능성이 더 커질지도 모릅니다.

마지막으로, 어떤 사람들은 당연히 자신의 디지털 복제품을 원할 것입니다. 자신이 곧 죽는다는 사실을 알게 된다면 자녀와 소통하거나 담당하고 있는 프로젝트를 완수하기 위해 자신의 복제본을 남기고 싶을 수도 있습니다. 미래의 시리, 알렉사와 같은 개인 비서는 우리가 깊이 사랑했던 고인의 업로드된 복사본일 수도 있습니다. 어쩌면 적절하게 변형된 나의 복사본을 친구로 삼을 수도 있습니다. 그리고 이러한 디지털 복사본이 그 자체로 위엄과 존경심으로 대우받을 만한 지각 있는 존재라는 것을 우리는 아마도 알게 될 것입니다.

# 결론: 뇌의 사후 세계

이 책의 핵심은 철학과 과학 간의 대화입니다. 새로운 기술의 과학이 마음, 자아, 인간에 대한 우리의 철학적 이해에 문제를 제기하고 이해의 폭을 넓혀줄 수 있습니다. 반대로 철학은 의식을 가진 로봇이 존재할 수 있는지, 마이크로칩으로 뇌의 대부분을 다시 이식해도 여전히 나라고 확신할 수 있는지 등 새로운 기술이 이룰 수 있는 것에 대한 우리의 판단력을 날카롭게 해줍니다.

이 책은 아주 잠정적으로 마인드 디자인 공간을 탐색하려는 시도를 했습니다. 임모텍스나 마인드 디자인 센터와 같은 곳이 생길지는 알 수 없지만 그렇다 해도 놀랍지 않을 것입니다. 오늘날 인공지능이 향후 수십 년 동안 대부분의 블루칼라 및 화이트칼라 계층의 일자리를 대체할 것으로 예상되며, 인간과 기계를 융합하려는 노력이 활발히 이루어지고 있습니다.

저는 고도의 인공지능이 의식을 갖게 될 것임은 기정사실이 아니라고 언급한 바 있습니다. 대신 저는 중국어 방 사고 실험을 거부하는 중간 접근법을 주장하지만, 뇌의 계산적 특성이나 동형체의 개념상 존재 가능성에 근거해 고도의 인공지능이 의식을 가질 것이라고도 가정하지 않습니다. 의식 있는 인공지능은 실제로 만들어지지 않을 수도 있고, 다른 비생물학적 기질에서 의식을 만들어낸다는 것은 물리학 법칙과 호환되지 않을지도 모릅니다. 그러나 우리가 개발하는 인공지능이 의식을 갖는지 여부를 신중하게 판단함으로써 이 문제에 접근할 수 있습니다. 그리고 표면적으로 인간과 유사한 인공지능을 의식 있는 것으로 바라보는 경향과 기술 공포증을 넘어서는 방식으로 이 모든 것을 공개적으로 토론함으로써, 우리는 의식 있는 인공지능을 만들어야 하는지 여부와 그 방법을 더 잘 판단할 수 있을 것입니다. 이러한 선택은 사회가 신중하게 내려야 하며, 모든 이해관계자가 참여해야 합니다.

저는 윤리적 관점에서 볼 때, 적어도 우리가 신뢰할 수 있는 의식 테스트를 개발할 때까지는 고도의 인공지능이 의식을 가질 수 있다고 가정하는 것이 최선이라고 강조해 왔습니다. 조그만 실수도 인공지능이 지각 있는 존재로서 특별한 윤리적 고려를 받을 가치가 있는지에 대한 논쟁에 잘못된 영향을 미칠 수 있습니다. 따라서 안전한 방향으로 실수하는 게 낫다고 믿습니다. 기계를 지각 있는 존재로 인식하지 못하면 불필요한 고통과 괴로움을 초래할 수 있을 뿐만 아니라, 영화 〈엑스 마키나〉 또는 〈아이, 로봇I, Robot〉에서 볼 수 있듯 인공지능에게 자비를 베풀지 못하면 우리가 무자비하게 대했던 것처럼 인공지능 또한 우리를 괴롭힐 수 있습니다.

어떤 젊은 독자들은 언젠가 마인드 디자인에 대한 결정을 내려야 하는 상황에 직면할 수도 있습니다. 제가 드리고 싶은 메시지는 이것입니다. 강화하기 전 먼저 자신이 누구인지 돌아봐야 합니다. 저처럼 인간의 궁극적인 본성에 대해 확신이 서지 않는다면 안전하고 신중한 길을 택하세요. 가능한 한 점진적이고 생물학적인 강화, 즉 정상적인 두뇌가 학습과 성숙 과정에서 겪는 변화를 반영하는 강화를 고수하세요. 강화에 대한 보다 급진적인 접근 방식에 의문을 제기하는 모든 사고실험 그리고 개인 정체성 논쟁에 대한 일반적인 합의 부족을 염두에 둔다면, 이러한 신중한 접근 방식이 가장 현명합니다. 급진적이고 빠른 변화는 피하는 것이 가장 좋습니다. 여러분의 구성 물질의 종류를 바꾸지 않는 경우(예: 탄소 대 실리콘)라고 해도 그렇습니다. 또한 마음을 다른 기질로 "이전"하려는 시도를 피하는 것이 현명합니다.

인공 의식에 대해 더 많이 알기 전까지는 의식을 구성하는 뇌의 일부에서 주요 정신 기능을 인공지능의 구성 요소로 전송하는 것이 안전하다고 확신할 수 없습니다. 물론 아직 인공지능이 의식을 갖고 있는지 여부가 밝혀지지 않았기 때문에 인공지능과 병합하려고 시도할 경우, 사용자가 또는 더 정확하게는 사용자의 인공지능 복제물이 의식을 가진 존재가 될 수 있을지 여부는 알 수 없습니다.

지금쯤이면 마인드 디자인 센터를 방문하는 일이 성가시고 심지어 위험하게 느껴질 것입니다. 저 또한 마인드 디자인에 대한 결정을 내리는 데 있어 명확하고 논란의 여지가 없는 길을 안내해드리고 싶습니다. 그러나 제가 드릴 수 있는 메시지는 다음과 같았습니다. 마인드 디자인을 고려할 때는 무엇보다도 형이상학적 겸손의 마음가짐으로 임해야 한다는 것입니다. 그 위험성을 고려해야 합니다. 마음의 미래는 그 마음이 인간의 것이든 기계의 것이든 간에 대중 간 소통과 철학적 숙고가 필요한 문제입니다.

# 부록: 트랜스휴머니즘

트랜스휴머니즘은 단일화된 이념은 아니지만 공식적인 선언과 조직이 있습니다. 세계 트랜스휴머니스트 협회The World Transhumanist Association는 1998년 철학자 데이비드 피어스와 닉 보스트롬이 설립한 국제 비영리 단체입니다. 트랜스휴머니즘의 주요 교리는 아래에 전재된 트랜스휴머니스트 선언Transhumanist Declaration에 명시되어 있습니다.[1]

**트랜스휴머니스트 선언**

1. 인류는 미래에 기술에 의해 근본적으로 변화할 것입니다. 노화의 불가피성, 인간과 인공지능의 한계, 선택받지 못한 심리, 고통, 지구에 갇혀 있는 우리의 모습 등 인간의 조건을 재설계할 수 있는 가능성을 예견합니다.

2. 이러한 변화와 그 장기적인 결과를 이해하기 위한 체계적인 연구가 필요합니다.

3. 트랜스휴머니스트들은 일반적으로 새로운 기술에 대해 개방적이고 수용적인 태도를 취함으로써 기술을 금지하려고 할 때보다도 기술을 우리에게 유리하게 바꿀 수 있는 더 나은 기회를 얻을 수 있다고 생각합니다.

4. 트랜스휴머니스트들은 기술을 이용해 정신적, (생식 능력을 포함한) 육체적 능력을 확장하고 자신의 삶에 대한 통제력을 향상시키고자 하는 사람들의 도덕적 권리를 옹호합니다. 우리는 현재의 생물학적 한계를 넘어 개인적인 성장을 추구합니다.

5. 미래를 계획할 때는 기술 논리적 역량의 급격한 발전 가능성을 반드시 고려해야 합니다. 기술 공포증과 불필요한 금지로 인해 잠재적인 이점이 실현되지 않는다면 비극적인 일이 될 것입니다. 다른 한편, 재난 또는 첨단 기술과 관련된 전쟁으로 인해 지적 생명체가 멸종한다면 이 또한 비극적인 일이 될 것입니다.

6. 우리는 사람들이 무엇을 해야 하는지 합리적으로 토론할 수 있는 공론의 장을 만들고, 책임감 있는 결정을 내릴 수 있는 사회 질서를 구축해야 합니다.

7. 트랜스휴머니즘은 인공지능, 인간, 포스트휴먼, 인간이

아닌 동물 등 모든 지각적 존재들의 행복을 옹호하며 현대 휴머니즘의 여러 원칙들을 포용합니다. 트랜스휴머니즘은 특정 정당, 정치인 또는 정치 플랫폼을 지지하지 않습니다.

이 문서에 이어 훨씬 더 길고 매우 유익한 『트랜스휴머니스트 FAQ』를 온라인상에서 이용 가능합니다.[2]

# 감사 인사

이 책을 집필하는 일은 크나큰 기쁨이었습니다. 피드백을 제공해준 분들과 이 책의 연구를 후원해준 기관에 깊은 감사를 표합니다. 2장부터 4장은 스탠퍼드 연구소SRI에서 인공지능 의식에 관한 흥미로운 프로젝트를 진행하던 중에 집필했습니다. 7장은 NASA와의 연구 프로젝트 그리고 뉴저지주 프린스턴에 있는 신학 연구 센터CTI의 연구진과의 유익한 일련의 협력에서 비롯되었습니다. 저를 그곳에 초대한 로빈 로빈Robin Lovin, 조시 몰딘Josh Mauldin, 윌 스토라Will Storrar에게 특별히 감사드립니다.

또한 방문 연구자로 저를 초대해준 프린스턴 고등 연구소IAS의 파이트 허트Piet Hut 교수님께도 감사를 표합니다. 허트와 올라프 비콥스키Olfa Witkowski가 주최하는 주간 인공지능 점심 모임의 회원들로부터 많은 것을 배웠습니다. 에드윈 터너는 IAS와 CTI에서 자주 협력해왔으며, 저는 그와의 공동 작업을 매우 즐겼습니다. 또한 'AI, 마음과 사회AIMS: AI, Mind and Society' 그룹의 구성원들과 함께 이러한 문제를 논의하면서 많은 도움을 받았습니다. 특히 메리 그레그Mary Gregg, 제넬 솔즈베리Jenelle Salisbury와 코디 터너Cody Turner가 이 책의 각 장에 대해서 통찰력 있는 의견을 제시해준 데 대해 특별한 감사를 표하고 싶습니다.

이 장들 중 일부는 뉴욕타임스The New York Times, 노틸러스Nautilus, 사이언티픽 아메리칸Scientific American에 실렸던 더 짧은 초기 글에서 비롯되었습니다. 4장의 주제는 『인공지능의 윤리학Ethics of Artificial Intelligence』(Liao, 2020)에 실린 글에서 영감을 받아 확장한 것이며, 6장은 『공상과학 소설과 철학Science Fiction and Philosophy』에 실린 제 논문 「마인드스캔: 인간 두뇌의 초월과 강화Mindscan: Transcending and Enhancing the Human Brain」(Schneider, 2009b)[9]의 내용을 확장한 것입니다. 7장은 Dick(2013)과 Losch(2017)의 우주생물학에 실린 에세이에서 유래합니다.

책을 마무리하는 동안 저는 미국 의회도서관에서 석좌 교수로 근무했는데, 저를 그곳에 초대해준 클루지 센터 관계자들, 특히 존 해스켈John Haskell, 트래비스 핸슬리Travis Hensley, 댄 튜렐로Dan Turello에게 감사를 표하고 싶습니다. 또한 학과 모임 및 인지과학 콜로키움에서 이 자료에 대해 발표했을 때 코네티컷

대학교의 동료들이 보내준 피드백에도 감사드립니다. 케임브리지 대학교, 콜로라도 대학교, 예일 대학교, 하버드 대학교, 매사추세츠 대학교, 스탠퍼드 대학교, 애리조나 대학교, 보스턴 대학교, 듀크 대학교, 24Hours, 프린스턴 대학교의 인지과학 및 플라즈마 물리학 부서 그리고 우드로 윌슨 학교의 강연에 참석해준 청중과 진행자에게도 감사하고 있습니다.

제 연구 주제에 관한 컨퍼런스를 개최하고 연설해준 분들의 노고에 깊이 감사드립니다. 포르투갈 리스본에서 열린 "마음, 자아, 기술Minds, Selves and Technology" 컨퍼런스는 롭 클라우스Rob Clowes, 크라우스 가드너Klaus Gardner, 이네스 히폴리토Ines Hipolito가 주최했습니다. 또한 2019년 6월 이 책의 출간을 기념하여 프라하에서 에른스트 마하 워크샵the Ernst Mach Workshop을 개최한 체코 과학 아카데미에도 감사드립니다. 또한 이 책의 6장에 담긴 제 강연을 방송해준 PBS와 Fox TV의 방송에 출연해 책 내용을 다루도록 초대해준 그렉 거트펠드Greg Gutfeld에게도 감사드립니다.

스테펜 케이브Stephen Cave, 조 코라비Joe Corabi, 마이클 휴머Michael Huemer, 조지 무서George Musser, 맷 로할Matt Rohal, 에릭 슈비츠게벨은 원고 전체에 대한 광범위한 의견을 보내주었고 많은 부분을 개선하는 데 기여했습니다. 또한 존 브록맨John Brockman, 안토니오 첼라Antonio Chella, 데이비드 차머스David Chalmers, 에릭

헨리Eric Henney, 카를로스 몬테마이어Carlos Montemayer, 마틴 리스 Martin Rees, 데이비드 사너David Sahner, 마이클 솔로몬Michael Solomon, 댄 튜렐로와 나눈 대화도 큰 도움이 되었습니다. 킴과의 경험에 대해 저와 대화를 나눈 조시 시슬러에게 감사드립니다. 프린스턴 대학교 출판부의 멋진 팀(시드 웨스트모어랜드 Cyd Westmoreland, 사라 헤닝-스타우트Sara Henning-Stout, 롭 템피오Rob Tempio를 비롯한 모두)과 특히 이 책을 함께 편집해준 맷 로할에게 특별한 감사를 표합니다. (누군가의 노력과 통찰력을 잊었을까 걱정이 됩니다. 사실일 경우, 죄송하다는 마음을 전하고 싶습니다.)

마지막으로, 저의 남편, 데이비드 론머스David Ronemus에게 감사의 인사를 전합니다. 인공지능에 대해 나눴던 멋진 대화가 이 책의 영감이 되었습니다. 이 책은 우리의 자녀 엘레나Elena, 알렉스Alex, 그리고 앨리Ally에게 바칩니다. 이 책이 후세대가 기술적이고 철학적인 문제를 해결하는 데 조금이라도 보탬이 될 수 있다면 무척이나 영광일 것입니다.

# 주

### 서문

**1.** 〈콘택트(Contact)〉, 로버트 저메키스가 연출한 영화, 1997년 개봉.

**2.** 예를 들어, 공개 서한(https://futureoflife.org/ai-openletter/), Bostrom(2014), Cellan-Jones(2014), Anthony(2017), Kohli(2017) 등을 참조.

**3.** Bostrom(2014).

**4.** https://www.theguardian.com/technology/2017/feb/15/elon-musk-cyborgs-robots-artificial-intelligence-is-heright

### 01 인공지능의 시대

**1.** Müller and Bostrom(2016).

**2.** Giles(2018).

**3.** Bess(2015).

**4.** 그런 연구에 대한 정보는 전 세계에서 행해진 민간 및 공공 자금 지원 임상 연구의 데이터베이스인 clinicaltrials.gov에서 찾아볼 수 있습니다. 또한 미 국방부의 신흥 기술 부서인 국방고등연구계획국(DARPA)이 수행한 일부 연구에 대한 공개된 토론도 참조. https://www.darpa.mi/program/our-research/darpa-and-the-brain-initiative. https://www.darpa.mil/news-events/2018-11-30. https://www.meritalk.com/articles/darpa-alikwidgedeep-brain-stimulator-darin-doughertyemad-eskandar/ 또한 다음을 참조. https://www.technologyreview.com/s/513681/memory-implants/

**5.** Huxley(1957: 13~17). 트랜스휴머니즘에 대한 다양한 고전적인 논문들에 대해서는 More and Vita-More(2013) 참조.

**6.** Roco and Bainbridge(2002); Garreau(2005).

**7.** Sandberg and Bostrom(2008).

**8.** https://www.darpa.mil/program/systems-ofneuromorphic-adaptive-plastic-scalable-electronics

**9.** Kurzweil(1999, 2005).

### 02 인공지능 의식의 문제

**1.** Kurzweil(2005).

**2.** Chalmers(1996, 2002, 2008).

**3.** 인공지능 의식의 문제는 또한 "다른 마음들의 문제"라고 불리는 고전적인 철학 문제와 구별됩니다. 우리 각자는 자기 성찰에 의해 우리가 의식이 있다는 것을 말할 수 있지만, 우리 주변의 다른 사람들도 그렇다고 정말로 어떻게 확신할 수 있을까요? 이 문제는 철학적 회의론의 잘 알려진 형태입니다. 다른 마음들의 문제에 대한 일반적인 반응은 우리 주변의 사람들이 의식이 있다는 것을 확실히 말할 수는 없지만, 다른 보통의 사람들이 우리와 같은 신경계를 가지고 있고, 고통스러울 때 움찔거리거나 우정을 추구하는 등과 같은 우리와 동일한 기본적인 종류의 행동을 보이기 때문에 의식이 있다고 추론할 수 있습니다. 다른 사람들의 행동에 대한 가장 좋은 설명은 그들도 의식이 있는 존재라는 것입니다. 결국, 그들은 우리와 같은 신경계를 가지고 있습니다. 그러나 다른 마음들의 문제는 인공지능 의식의 문제와 다릅니다. 첫째로 그것은 기계 의식이 아니라 인간의 마음의 맥락에서 제기된 것입니다. 게다가, 다른 마음들의 문제에

대한 대중적인 해결책은 인공지능 의식의 문제의 맥락에서 효과적이지 않습니다. 인공지능은 우리와 같은 신경계를 가지고 있지 않고, 그들은 매우 이질적인 방식으로 행동할 수 있습니다. 또한 만일 그들이 인간처럼 행동한다면, 그것은 그들이 느끼는 것처럼 행동하도록 프로그램되어 있기 때문일 수 있으므로, 우리는 그들의 행동으로부터 그들이 의식이 있다는 것을 추론할 수 없습니다.

**4.** 생물학적 자연주의는 종종 존 설의 작업과 관련이 있습니다. 그러나 여기서 사용되는 "생물학적 자연주의"는 물리주의와 마음의 형이상학에 대한 설의 더 넓은 입장과 관련되지 않습니다. 이러한 더 넓은 입장은 Searle(2016, 2017)을 참조하십시오. 우리의 목적을 위해 생물학적 자연주의는 Blackmore(2004)에서 사용된 것처럼 합성 의식을 부정하는 일반적인 입장일 뿐입니다. 설 자신이 뇌 신경계의 계산이 의식적일 가능성에 공감하는 것처럼 보였다는 점에 주목할 필요가 있습니다. 그의 원래 논문의 목표는 계산에 대한 기호 처리 접근법이며, 여기서 계산은 기호들에 대한 규칙 의존적인 조작입니다(Schneider and Velmans, 2017 참조).

**5.** Searle(1980).

**6.** 문제를 제기하고 이에 대한 답변을 제시한 Searle(1980)의 토론을 참조.

**7.** 범심론으로 알려진 견해를 지지하는 사람들은 기본 입장에 의식이 극히 일부 존재한다고 말하지만, 그들조차도 더 높은 수준의 의식이 뇌간과 시상 등 뇌의 여러 부분들 사이에 복잡한 상호 작용과 통합에 관여한다고 생각합니다. 어쨌든 저는 범심론을 거부합니다(Schneider, 2018b).

**8.** 이런 종류의 기술 낙관주의에 대한 영향력 있는 기술에 대해서는 Kurzweil(1999, 2005) 참조.

**9.** 인지과학에서 이 선도적인 설명 접근법은 '기능적 분해의 방법'이라고 불렸는데, 그 이유는 시스템의 특성을 구성 요소 간의 인과적 상호 작용

으로 분해하여 설명하기 때문이며, 구성 요소 자체는 종종 그의 하위 시스템 간의 인과적 상호 작용으로 설명됩니다(Block, 1995b).

**10.** 철학적 용어로 그런 시스템은 "정확한 기능 동형체"라고 부를 수 있습니다.

**11.** 저는 단지 뇌의 신경 대체에 대해 이야기함으로써 일을 단순화하고 있습니다. 예를 들어, 아마도 내장과 같은 신경계의 다른 곳에 있는 뉴런들도 관련이 있을 것입니다. 또는 신경세포 이상이 (예를 들어, 신경교세포) 관련될 수도 있습니다. 이런 사고 실험은 수정되어 뇌의 뉴런보다 더 많은 것이 교체된다고 가정할 수도 있습니다.

**12.** Chalmers(1996).

**13.** 여기서 저는 생화학적 속성들이 포함될 수 있다고 가정합니다. 원칙적으로 그것들이 인지와 관련이 있다면, 그런 특징들의 행동에 대한 추상적인 특성화가 기능적 특성화에 포함될 수 있을 것입니다.

**14.** 그러나 뇌 업로드의 맥락에서는 완전하고 정확한 복사가 일어날 수 있습니다. 인간의 뇌 업로드는 당신의 동형체 경우처럼 먼 미래에 이루어질 것입니다.

### 03 의식 엔지니어링

**1.** Boly et al.(2017); Koch et al.(2016); Tononi et al.(2016).

**2.** 2018년 2월 17일 검색.

**3.** Davies(2010); Spiegel and Turner(2011); Turner(n.d.).

**4.** 환자의 경험에 대한 이야기는 Lemonick(2017) 참조.

**5.** https://www.wired.com/2016/12/neuroscientist-whosbuilding-better-memory-humans/; Hampson et al.(2018); Song et al.(2018).

**6.** Sacks(1985).

### 04 인공지능 좀비 잡기: 기계 의식을 찾아내는 테스트들

1. 고도로 지적인 인공지능에서의 기능적 의식에 대한 공리들은 Bringsjord and Bello(2018)에서 형식화되었습니다. Ned Block(1995a)은 관련 개념인 "접근 의식"을 논의했습니다.

2. Bringsjord and Bello(2018).

3. Schneider and Turner(2017); Schneider(forthcoming).

4. 물론 이것은 청각 장애인이 음악을 전혀 감상할 수 없다는 것을 시사하지는 않습니다.

5. 프랭크 잭슨의 지식 논쟁을 잘 아는 사람들은 제가 색 시각에 관한 모든 "물리적 사실"(즉, 시각의 신경과학에 관한 사실)을 알고 있는 것으로 생각되지만 빨간색을 본 적이 없는 신경과학자인 메리와 관련한 그의 유명한 사고 실험에서 차용하고 있다는 것을 알 것입니다. 잭슨은 이렇게 묻습니다. 그녀가 빨간색을 처음 봤을 때 무슨 일이 일어날까요? 그녀가 신경과학과 물리학의 자원을 넘어서는 새로운 어떤 사실을 배울까요? 철학자들은 이 사례에 대해 광범위하게 논의해왔고, 어떤 사람들은 이 사례가 의식이 물리적 현상이라는 생각에 성공적으로 도전장을 던졌다고 믿습니다(Jackson, 1986).

6. Schneider(2016).

7. Koch et al.(2016); Boly et al.(2017) 참조.

8. Zimmer(2010).

9. Tononi and Koch(2014, 2015).

10. Tononi and Koch(2015).

11. 아래에서는 생물학적 뇌에 대한 $\Phi$의 계산이 현재로서는 어렵기 때문에 이 $\Phi$ 수준을 다소 모호하게 "높은 $\Phi$"라고 지칭할 것입니다.

12. Aaronson(2014a, 2014b) 참조.

13. Harremoes et al.(2001).

14. UNESCO/COMEST(2005).

15. Schwitzgebel and Garza(forthcoming).

#### 05 인간은 인공지능과 결합할 수 있는가

1. 트랜스휴머니즘은 모든 종류의 강화를 결코 지지하지 않는다는 것에 주목해야 합니다. 예를 들어, 닉 보스트롬은 지휘 강화(주로 사람의 사회적 위치를 증가시키기 위해 사용되는 강화)를 거부하지만, 인간이 "가능한 존재 방식의 더 큰 공간"을 탐험하는 방법을 개발하도록 허용하는 강화는 주장합니다(Bostrom, 2005a: 11).

2. More and Vita-More(2013); Kurzweil(1999, 2005); Bostrom(2003, 2005b).

3. Bostrom(1998); Kurzweil(1999, 2005); Vinge(1993).

4. Moore(1965).

5. 이 질문에 대한 강화 반대의 주된 입장에 대해서는 Annas(2000); Fukuyama(2002); Kass et al.(2003) 등을 참조.

6. 초기 논의에 대해서는 Schneider(2009a, 2009b, 2009c) 참조. 또한 불멸에 대한 흥미로운 책인 Cave(2012)도 참조.

7. Kurzweil(2005: 383).

8. 심리적 연속성 이론에는 여러 가지 버전이 있습니다. 예를 들어 (a) 기억이 사람에게 필수적이라는 생각에 호소할 수 있습니다. 또는 (b) 기억을 포함한 사람의 전체적인 심리적 구성이 필수적이라는 생각을 채택할 수도 있습니다. 비록 이 견해에 대한 많은 비판은 (a) 그리고 (b)의 다른 버전에도 적용될 것이지만, 여기서는 이 후자의 개념에 대한 한 가지 버전(인지과학에서 영감을 받은 개념)을 다루겠습니다. 다른 버전들에 대해서는 존 로크의 1694년 저서 *Essay Concerning Human Understanding*

의 27장을 참조.

**9.** Kurzweil(2005: 383). 여기서 논의된 바와 같이, 뇌 기반의 물질주의는 심리철학에서의 물리주의보다 더 제한적인데, 한번은 뇌에 기반을 두다가 나중에 업로드가 되는 식으로 기질의 급진적인 변화에서 살아남을 수 있다고 어떤 물리학자들은 주장할 수 있기 때문입니다. 심리철학에서 물질주의적 입장에 대한 보다 광범위한 논의는 Churchland(1988); Kim (2005, 2006) 참조. 에릭 올슨은 자아의 정체성에 대해 영향력 있는 물질주의적 입장을 제시하면서, 우리는 본질적으로 사람이 아니라 인간의 유기체라고 주장했습니다(Olson, 1997). 우리는 삶의 일부분 동안만 사람일 뿐인데, 예를 들어 뇌사 상태에 있다면 인간이라는 동물은 존재하지만 그 사람은 존재하지 않습니다. 우리는 본질적으로 사람이 아닙니다. 하지만 저는 우리가 인간 유기체인지 확신할 수 없습니다. 왜냐하면 뇌는 한 사람의 정체성에서 독특한 역할을 하고 있으며, 뇌가 이식되면 그 사람도 뇌와 함께 이식될 것이기 때문입니다. 뇌가 많은 기관들 중 하나에 불과하기 때문에, 올슨의 입장은 이를 거부합니다. (인터뷰에서 그의 논평을 참조. "The Philosopher with No Hands," Richard Marshall, 3AM, https://www.3ammagazine.com/3am/the-philosopherwith-no-hands/)

**10.** 사회학자 제임스 휴즈는 무자아 견해에 대한 트랜스휴머니스트 버전을 주장합니다. Hughes(2004, 2013) 참조. 이 네 가지 입장들에 도움이 되는 개관을 위해서는 Olson(1997, 2017); Conee and Sider(2005) 참조.

**11.** 그러나 이것은 제가 8장에서 비판하는 계산주의 마음 이론의 한 버전입니다. 또한 계산주의 마음 이론은 연결주의, (계산적 가장을 한) 동적 시스템 이론, 사고의 상징이나 언어 접근법, 또는 이들의 조합 등 사고 형식에 대한 다양한 계산 이론에 호소할 수 있다는 점도 주목해야 합니다. 이러한 차이는 논의의 목적에 중요하지 않을 것입니다. 저는 다른 곳에서

이 문제들을 광범위하게 다루었습니다(See Schneider, 2011).

12. Kurzweil(2005: 383).

13. Bostrom(2003).

14. 8장에서 마음에 대한 트랜스휴머니스트의 계산적 접근을 좀 더 자세히 논의합니다.

### 06 마인드 스캔

1. Sawyer(2005: 44~45).

2. Sawyer(2005: 18).

3. Bostrom(2003).

4. Bostrom(2003: section 5.4).

### 07 특이점의 우주

1. 여기서 저자는 Davies(2010); Dick(2015); Rees(2003); Shostak(2009) 등에 의한 획기적인 작업에 의존하고 있습니다.

2. Shostak(2009); Davies(2010); Dick(2013); Schneider(2015).

3. Dick(2013: 468).

4. Mandik(2015); Schneider and Mandik(2018).

5. Mandik(2015); Schneider and Mandik(2018).

6. Bostrom(2014).

7. Shostak(2015).

8. http://science.sciencemag.org/content/131/3414/1667

9. Schneider, "Alien Minds," in Dick(2015).

10. Consolmagno and Mueller(2014).

11. Bostrom(2014).

12. Bostrom(2014: 107).

13. Bostrom(2014: 107~108, 123~125).

14. Bostrom(2014: 29).

15. Bostrom(2014: 109).

16. Seung(2012).

17. Hawkins and Blakeslee(2004).

18. Schneider(2011).

19. Baars(2008).

20. Clarke(1962).

### 08 마음은 소프트웨어인가

1. https://www.theguardian.com/science/2013/sep/21/stephen-hawking-brain-outside-body

2. Harmon(2015: 1).

3. https://www.nytimes.com/2015/09/13/us/cancer-immortality-cryogenics.html; https://alcor.org/Library/html/casesummary2643.html

4. Crippen(2015).

5. 저자는 이에 대한 이메일과 전화 통화(2018.8.26)에 응해준 킴 수지의 남자 친구 조시 시슬러에게 감사를 표합니다.

6. Harmon(2015).

7. Harmon(2015).

8. Harmon(2015).

9. Schneider(2014); Schneider and Corabi(2014). 업로드의 다른 단계들을 개관하기 위해서는 다음 참고. "The Neuroscience of Immortality," https://www.nytimes.com/interactive/2015/09/03/us/13immortality-ex

plainer.html?mtrref=www.nytimes.com&gwh=38E76FFD21912ECB72F147666E2ECDA2&gwt=pay

**10.** Schneider(2014); Schneider and Corabi(2014). 우리는 여러 장소에 위치하는 물리적인 개체를 결코 보지 못합니다. 이는 측정과 동시에 붕괴하는 양자 개체들에 대해서도 마찬가지입니다. 추정되는 다중성은 간접적으로만 관찰되며, 물리학자들과 물리철학자들 사이에 격렬한 논쟁을 불러일으킵니다.

**11.** 예를 들어, Block(1995b)은 이 견해에 대해 "The Mind Is the Software of the Brain"이라는 제목의 고전적인 논문을 썼습니다. 소프트웨어 견해에 호소하는 많은 학자들은 뇌 기능 향상이나 업로드에 대한 주장을 감행하기보다 마음이 어떻게 작동하는지를 표현하는 데 더 관심이 있습니다. 융합 낙관론자들이 급진적인 기능 향상을 주장하는 사람들이기 때문에, 그들의 주장에 초점을 맞출 것입니다.

**12.** http://keithwiley.com/mindRamblings/mindUploadingRespons.shtml

**13.** Steven Mazie, "Don't Want to Die? Just Upload Your Brain," in Big Think: https://bigthink.com/praxis/dontwant-to-die-just-upload-your-brain

**14.** Ken Hayworth, "Ken Hayworth's Personal Response to MIT Technology Review Article," available at http://www.brainpreservation.org/ken-hayworths-personal-response-to-mit-technology-review-article/

**15.** Schneider(2011).

**16.** Descartes(2008).

**17.** 관념론에 대한 새로운 논문 모음집으로는 Pearce and Goldschmidt (2018) 참조. 범심론의 어떤 견해가 왜 관념론의 형태인지에 대한 논의에 대해서는 Schneider(2018a) 참조.

**18.** 예를 들어, Heil(2005); Kim(2006) 참조.

**19.** 이에 대한 옹호 의견으로는 Schneider(2011b) 참조.

**20.** Block(1995b).

**21.** 구현 개념은 다양한 추론에 문제가 되어왔습니다. 토론을 위해서 Putnam(1967); Piccinini(2010) 참조.

**22.** Chalmers(1996).

**23.** Descartes(2008).

**24.** Putnam(1967).

**25.** Lowe(1996, 2006). 로우는 마음보다는 자아에 대해 말하는 것을 더 좋아했기 때문에, 저는 마음에 대한 논의의 맥락에서 그의 입장을 자유롭게 사용하는 것입니다.

**26.** Kurzweil(2005: 383).

**27.** Graham(2010).

**28.** https://wwww.news.com.au/entertainment/tv/currentaffairs/boyfriends-delivery-of-love-for-the-womanwhose-brain-is-frozen/news-story/8a4a5b705964d242bdfa5f55fa2df41a

**29.** Harmon(2015).

### 부록: 트랜스휴머니즘

**1.** 이 문서는 트랜스휴머니스트 기관인 Humanity+의 웹사이트에 게재되어 있습니다(https://humanityplus.org/philosophy/transhumanistdeclaration/). 또한 고전적인 트랜스휴머니스트 논문들을 모아놓은 More and Vita-More(2013)에서도 볼 수 있습니다. 트랜스휴머니스트 생각에 대한 역사에 관해서는 Bostrom(2005a) 참조.

**2.** Bostrom(2003); Chislenko et al.(n.d.) 참조.

# 참고문헌


Aaronson, S. 2014a. "Why I Am Not an Integrated Information Theorist (or, The Unconscious Expander)." *Shtetl Optimized* (blog), May. https://www.scottaaronson.com/blog/?p=1799

______. 2014b. "Giulio Tononi and Me: A Phi-nal Exchange." *Shtetl Optimized* (blog), June. https://www.scottaaronson.com/blog/?p=1823

Annas, G. J. 2000. "The Man on the Moon, Immortality, and Other Millennial Myths: The Prospects and Perils of Human Genetic Engineering." *Emory Law Journal* 49(3): 753-782.

Anthony, A. 2017. "Max Tegmark: 'Machines Taking Control Doesn't Have to Be a Bad Thing". https://www.theguardian.com/technology/2017/Sep/16/ai-will-superintelligent-computers-replace-us-robots-max-tegmark-life-3-0

Baars, B. 2008. "The Global Workspace Theory of Consciousness." in M. Velmans and S. Schneider, eds. *The Blackwell Companion to Consciousness*. Boston: Wiley-Blackwell.

Bess, M. 2015. *Our Grandchildren Redesigned: Life in the Bioengineered Society of the Near Future*. Boston: Beacon Press.

Blackmore, S. 2004. *Consciousness: An Introduction*. New York: Oxford University Press.

Block, N. 1995a. "On a Confusion about the Function of Consciousness." *Behavioral and Brain Sciences* 18: 227-247.

______. 1995b. "The Mind as the Software of the Brain." in D. Osherson, L. Gleitman, S. Kosslyn, E. Smith, and S. Sternberg, eds. *An Invitation to Cognitive Science*. New York: MIT Press.

Boly, M., M. Massimini, N. Tsuchiya, B. Postle, C. Koch, and G. Tononi. 2017. "Are the Neural Correlates of Consciousness in the Front or in the Back of the Cerebral Cortex? Clinical and Neuroimaging Evidence." *Journal of Neuroscience* 37(40): 9603-9613.

Bostrom, N. 1998. "How Long before Superintelligence?" *International Journal of Futures Studies* 2.

______. 2003. "Transhumanist FAQ: A General Introduction." version 2.1, World Transhumanist Association. https://nickbostrom.com/views/transhumanist.pdf

______. 2005a. "History of Transhumanist Thought." *Journal of Evolution and Technology* 14(1).

______. 2005b. "In Defence of Posthuman Dignity." *Bioethics* 19(3): 202-214.

______. 2014. *Superintelligence: Paths, Dangers, Strategies*. Oxford: Oxford University Press.

Bringsjord, Selmer, and Paul Bello. 2018. "Toward Axiomatizing Consciousness". http://ndpr.nd.edu/news/60148-actual-consciousness.

Cave, Stephen. 2012. *Immortality: The Quest to Live Forever and How It Drives Civilization*. New York: Crown.

Cellan-Jones, R. 2014. "Stephen Hawking Warns Artificial Intelligence

Could End Mankind". https://www.bbc.com/news/technology-30290540

Chalmers, D. 1996. *The Conscious Mind: In Search of a Final Theory*. Oxford: Oxford University Press.

______. 2002. "Consciousness and Its Place in Nature." in David J. Chalmers, ed. *Philosophy of Mind: Classical and Contemporary Readings*. Oxford: Oxford University. Press.

______. 2008. "The Hard Problem of Consciousness." in M. Velmans and S. Schneider, eds. *The Blackwell Companion to Consciousness*. Boston: Wiley-Blackwell.

Churchland, P. 1988. *Matter and Consciousness*. Boston: MIT Press.

Chislenko, Alexander, Max More, Anders Sandberg, Natasha Vita-More, Eliezer Yudkowsky, Arjen Kamphius, and Nick Bostrom. n.d. "Transhumanist FAQ". https://humanityplus.org/philosophy/transhumanist-faq/

Clarke, A. 1962. *Profiles of the Future: An Inquiry into the Limits of the Possible*. New York: Harper and Row.

Conee, E., and T. Sider. 2005. *Riddles of Existence: A Guided Tour of Metaphysics*. Oxford: Oxford University Press.

Consolmagno, Guy, and Paul Mueller. 2014. *Would You Baptize an Extraterrestrial? … and Other Questions from the Astronomers' In-Box at the Vatican Observatory*. New York: Image.

Crippen, D. 2015. "The Science Surrounding Cryonics." *MIT Technology Review*, October 19, 2015. https://www.technologyreview.com/s/542601/the-science-surrounding-cryonics/

Davies, Paul. 2010. *The Eerie Silence: Renewing Our Search for Alien Intelligence*. Boston: Houghton Mifflin Harcourt.

Descartes, R. 2008. *Meditations on First Philosophy: With Selections from the Original Objections and Replies*. Michael Moriarty, trans. Oxford: Oxford University Press.

Dick, S. 2013. "Bringing Culture to Cosmos: The Postbiological Universe." in S. Dick and M. Lupisella, eds. *Cosmos and Culture: Cultural Evolution in a Cosmic Context*. Washington, DC: NASA. http://history.nasa.gov/SP-4802.pdf

______. 2015. *Discovery*. Cambridge: Cambridge University Press.

Fukuyama, F. 2002. *Our Posthuman Future: Consequences of the Biotechnology Revolution*. New York: Farrar, Straus and Giroux.

Garreau, J. 2005. *Radical Evolution: The Promise and Peril of Enhancing Our Minds, Our Bodies—and What It Means to Be Human*. New York: Doubleday.

Giles, M. 2018. "The World's Most Powerful Supercomputer Is Tailor Made for the AI Era." *MIT Technology Review*, June 8, 2018.

Graham, D. W., ed. 2010. *The Texts of Early Greek Philosophy: The Complete Fragments and Selected Testimonies of the Major Presocratics*. Cambridge: Cambridge University Press.

Hampson R. E., D. Song, B. S. Robinson, D. Fetterhoff, A. S. Dakos, et al. 2018. "A Hippocampal Neural Prosthetic for Restoration of Human Memory Function." *Journal of Neural Engineering* 15: 0360 14.

Harmon, A. 2015. "A Dying Young Woman's Hope in Cryonics and a

Future." *New York Times*, September 12, 2015.

Harremoes, P., D. Gee, M. MacGarvin, A. Stirling, J. Keys, B. Wynne, and S. Guedes Vaz, eds. 2001. *Late Lessons from Early Warnings: The Precautionary Principle 1896-2000*. Environmental Issue Report 22. Copenhagen: European Environment Agency.

Hawkins, J., and S. Blakeslee. 2004. *On Intelligence: How a New Understanding of the Brain Will Lead to the Creation of Truly Intelligent Machines*. New York: Times Books.

Heil, J. 2005. *From an Ontological Point of View*. Oxford: Oxford University Press.

Hughes, J. 2004. *Citizen Cyborg: Why Democratic Societies Must Respond to the Redesigned Human of the Future*. Cambridge, MA: Westview Press.

______. 2013. "Transhumanism and Personal Identity." in M. More and N. More, eds. *The Transhumanist Reader*. Boston: Wiley.

Humanity+. n.d. "Transhumanist Declaration". https://humanityplus.org/philosophy/transhumanist-declaration/.

Huxley, J. 1957. *New Bottles for New Wine*. London: Chatto & Windus.

Jackson, F. 1986. "What Mary Didn't Know." *Journal of Philosophy* 83 (5):291-295.

Kass, L., E. Blackburn, R. Dresser, D. Foster, F. Fukuyama, et al. 2003. *Beyond Therapy: Biotechnology and the Pursuit of Happiness: A Report of the President's Council on Bioethics*. Washington, DC: Government Printing Office.

Kim, Jaegwon. 2005. *Physicalism, Or Something Near Enough*. Princeton. NJ: Princeton University Press.

______. 2006. *Philosophy of Mind*, 2nd ed. New York: Westview.

Koch, C., M. Massimini, M. Boly, and G. Tononi. 2016. "Neural Correlates of Consciousness: Progress and Problems." *Nature Reviews Neuroscience* 17(5): 307-321.

Kohli, S. 2017. "Bill Gates Joins Elon Musk and Stephen Hawking in Saying Artificial Intelligence Is Scary". https://qz.com/335768/

Kurzweil, R. 1999. *Age of Spiritual Machines: When Computers Exceed Human Intelligence*. New York: Penguin.

______. 2005. *The Singularity Is Near: When Humans Transcend Biology*. New York: Viking.

Lemonick, Michael. 2017. *The Perpetual Now: A Story of Amnesia, Memory, and Love*. New York: Doubleday Books.

Lowe, E. J. 1996. *Subjects of Experience*. Cambridge: Cambridge University Press.

______. 2006. "Non-Cartesian Substance Dualism and the Problem of Mental Causation." *Erkenntnis* 65(1): 5-23.

Mandik, Pete. 2015. "Metaphysical Daring as a Posthuman Survival Strategy." *Midwest Studies in Philosophy* 39(1): 144-157.

Marshall, Richard. 2019. "The Philosopher with No Hands." *3AM*. https://www.3ammagazine.com/3am/the-philosopher-with-no-hands/

Mazie, Steven. 2014. "Don't Want to Die? Just Upload Your Brain." *Big Think*, March 6. https://bigthink.com/praxis/dont-want-to-die-just-upload-your-brain

McKelvey, Cynthia. 2016. "The Neuroscientist Who's Building a Better Memory for Humans." *Wired*, December 1. https://www.wired.com/2016/12/neuroscientist-whos-building-better-memory-humans/

*MeriTalk*. 2017. "DARPA-Funded Deep Brain Stimulator Is Ready for Human Testing." *MeriTalk*, April 10. https://www.meritalk.com/articles/darpa-alik-widge-deep-brain-stimulator-darin-dougherty-emad-eskandar/

Moore, G. E. 1965. "Cramming More Components onto Integrated Circuits." *Electronics* 38(8).

More, M., and N. Vita-More. 2013. *The Transhumanist Reader: Classical and Contemporary Essays on the Science, Technology, and Philosophy of the Human Future*. Chichester, UK: Wiley-Blackwell.

Müller, Vincent C., and Nick Bostrom. 2014. "Future Progress in Artificial Intelligence: A Survey of Expert Opinion." in Vincent C. Müller, ed. *Fundamental Issues of Artificial Intelligence*. Synthese Library. Berlin: Springer.

Olson, Eric. 1997. *The Human Animal: Personal Identity Without Psychology*. New York: Oxford University Press.

______. 2017. "Personal Identity." in Edward N. Zalta, ed. *The Stanford Encyclopedia of Philosophy*. https://plato.stanford.edu/archives/sum2017/entries/identity-personal/

Parfit, D. 1984. *Reasons and Persons*. Oxford: Clarendon Press.

Pearce, K., and T. Goldschmidt. 2018. *Idealism: New Essays in Metaphysics*. Oxford: Oxford University Press.

Piccinini, M. 2010. "The Mind as Neural Software? Understanding Functionalism, Computationalism and Computational Functionalism." *Philosophy and Phenomenological Research* 81(2): 269-311.

Putnam, H. 1967. *Psychological Predicates. Art, Philosophy, and Religion.* Pittsburgh: University of Pittsburgh Press.

Rees, M. 2003. *Our Final Hour: A Scientist's Warning: How Terror, Error, and Environmental Disaster Threaten Humankind's Future in This Century—On Earth and Beyond.* New York: Basic Books.

Roco, M. C., and W. S. Bainbridge, eds. 2002. *Converging Technologies for Improved Human Performance: Nanotechnology, Biotechnology, Information Technology and Cognitive Science.* Arlington, VA: National Science Foundation and Department of Commerce.

Sacks, O. 1985. *The Man Who Mistook His Wife for a Hat and Other Clinical Tales.* New York: Summit Books.

Sandberg, A., and N. Bostrom. 2008. "Whole Brain Emulation: A Roadmap." Technical Report 2008-3. Oxford: Future of Humanity Institute, Oxford University.

Sawyer, R. 2005. *Mindscan.* New York: Tor.

Schipp, Debbie. 2016. "Boyfriend's Delivery of Love for the Woman Whose Brain Is Frozen." news.com.au, June 19. https://www.news.com.au/entertainment/tv/current-affairs/boyfriends-delivery-of-love-for-the-woman-whose-brain-is-frozen/news-story/8a4a5b705964d242bdfa5f55fa2df41a

Schneider, Susan, ed. 2009a. *Science Fiction and Philosophy.* Chichester, UK: Wiley-Blackwell.

______. 2009b. "Mindscan: Transcending and Enhancing the Human

Brain." in S. Schneider, ed. *Science Fiction and Philosophy*. Oxford: Blackwell.

______. 2009c. "Cognitive Enhancement and the Nature of Persons." in Art Caplan and Vardit Radvisky, eds. *The University of Pennsylvania Bioethics Reader*. New York: Springer.

______. 2011. *The Language of Thought: A New Philosophical Direction*. Boston: MIT Press.

______. 2014. "The Philosophy of 'Her'." *New York Times*, March 2.

______. 2015. "Alien Minds." in S. J. Dick, ed. *The Impact of Discovering Life beyond Earth*. Cambridge: Cambridge University Press.

______. 2016. "Can a Machine Feel?" TED talk, June 22. Cambridge, MA. http://www.tedxcambridge.com/talk/can-a-robot-feel/

______. 2018a. "Idealism, or Something Near Enough." in K. Pearce and T. Goldschmidt, eds. *Idealism: New Essays in Metaphysics*. Oxford: Oxford University Press.

______. 2018b. "Spacetime Emergence, Panpsychism and the Nature of Consciousness." *Scientific American*, August 6.

______. Forthcoming. "How to Catch an AI Zombie: Tests for Machine Consciousness." in M. Liao and D. Chalmers, eds. *AI*. Oxford: Oxford University Press.

Schneider, S., and J. Corabi. 2014. "The Metaphysics of Uploading." in Russell Blackford, ed. *Intelligent Machines, Uploaded Minds*. Boston: Wiley-Blackwell.

Schneider, S., and P. Mandik. 2018. "How Philosophy of Mind Can Shape the Future." in Amy Kind, ed. *Philosophy of Mind in the 20th and 21th Century*. Abingdon-on-Thames, UK: Routledge.

Schneider, S., and E. Turner. 2017. "Is Anyone Home? A Way to Find Out If AI Has Become Self-Aware." *Scientific American*, July 19.

Schneider, S., and M. Velmans. 2017. *The Blackwell Companion to Consciousness*. Boston: Wiley-Blackwell.

Schwitzgebel, E., and M. Garza. Forthcoming. "Designing AI with Rights, Consciousness, Self-Respect, and Freedom."

Searle, J. 1980. "Minds, Brains and Programs." *Behavioral and Brain Sciences* 3: 417-457.

______. 2016. *The Rediscovery of the Mind*. Oxford: Oxford University Press.

______. 2017. "Biological Naturalism." in S. Schneider and M. Velmans, eds. *The Blackwell Companion to Consciousness*. Boston: Wiley-Blackwell.

Seung, S. 2012. *Connectome: How the Brain's Wiring Makes Us Who We Are*. Boston: Houghton Mifflin Harcourt.

Shostak, S. 2009. *Confessions of an Alien Hunter*. New York: National Geographic.

Solon, Olivia. 2017. "Elon Musk says humans must become cyborgs to stay relevant. Is he right?" *The Guardian*, February 15. https://www.theguardian.com/technology/2017/feb/15/elon-musk-cyborgs-robots-artificial-intelligence-is-he-right

Song, D., B. S. Robinson, R. E. Hampson, V. Z. Marmarelis, S. A. Deadwyler, and T. W. Berger. 2018. "Sparse Large-Scale Nonlinear Dynamical Modeling of Human Hippocampus for Memory Prostheses." *IEEE Transactions on Neural Systems and Rehabilitation Engineering* 26(2): 272-280.

Spiegel, D., and Edwin L. Turner. 2011. "Bayesian Analysis of the Astrobiological Implications of Life's Early Emergence on Earth". http://www.pnas.org/content/pnas/early/2011/12/21/111694108.full.pdf.

*The Guardian*. 2013. "Stephen Hawking: Brain Could Exist Outside Body." *The Guardian*, September 21. https://www.theguardian.com/science/2013/sep/21/stephen-hawking-brain-outside-body

Tononi, G., and C. Koch. 2014. "From the Phenomenology to the Mechanisms of Consciousness: Integrated Information Theory 3.0." *PLoS Computational Biology*.

______. 2015. "Consciousness: Here, There and Everywhere?" *Philosophical Transactions of the Royal Society of London B: Biological Sciences* 370: 20140167.

Tononi, G., M. Boly, M. Massimini, and C. Koch. 2016. "Integrated Information Theory: From Consciousness to Its Physical Substrate." *Nature Reviews Neuroscience* 17: 450-461.

Turner, E. n.d. "Improbable Life: An Unappealing but Plausible Scenario for Life's Origin on Earth." video of lecture given at Harvard University. https://youtube/Bt6n6Tuibeg

UNESCO/COMEST. 2005. "The Precautionary Principle". http://unesdoc.unesco.org/images/0013/001395/139578e.pdf

Vinge, V. 1993. "The Coming Technological Singularity." *Whole Earth Review*, Winter.

Wiley, Keith. 2014. "Response to Susan Schneider's 'The Philosophy of Her'." *H+ Magazine*, March 26. http://hplusmagazine.com/2014/03/26/response-to-susan-schneiders-the-philosophy-of-her/

Zimmer, Carl. 2010. "Sizing Up Consciousness By Its Bits." *New York Times*, September 20.

# 찾아보기

# 옮긴이의 글

이전에는 연구 영역에서만 언급되어던 인공지능AI 관련 개념들이 이제는 우리 삶의 전반에 등장하게 되었습니다. 현재 거대언어모델LLM과 Transformer 등의 딥러닝 기술로 이루어진, ChatGPT로 대표되는 인공지능은 우리 생활에 직접적인 영향을 끼치고 있습니다. 그 결과 인류는 미래의 인공지능에 대해도 지속적인 발전과 긍정적인 영향을 기대하게 되었습니다. 그러나 이런 낙관은 단지 우리의 희망일 뿐이며, 인공지능의 미래 모습은 아직 확정되지 않았습니다. 다가오는 불확실한 미래에 인공지능이 가져올 장단점을 예측하거나 판단하는 일이 반드시 필요할 것으로 보입니다.

지은이는 철학, 신경과학의 관점에서 인공지능이 제기할 수 있는 다양한 무거운 문제들을 이해하기 쉽게 풀어내고 있습니다. 예를 들어, 고도로 발전된 인공지능이 인간의 의식과 같은 것을 가질 수 있는지, 인간의 뇌 일부분에 마이크로칩을 대체할 경우 그것이 원래의 인간과 동일하다고 볼 수 있는지, 우주에도 인공지능 내지 합성 지능을 가진 개체가 존재하는지, 인공지능이 탑재된 인간의 마음은 단지 소프트웨어라서 무한한 업-다운로드가 가능한지 등의 다양한 문제를 다루고 있습니다.

옮긴이들은 우연한 기회로 이 책의 원서를 접했는데, 인공지능의 새로운 시대를 살고 있는 일반인도 한 번쯤은 지은이가 언급하는 문제들을 생각해볼 필요가 있다고 느껴서 번역 작업에 착수하게 되었습니다. 특히, 그러한 철학적 문제 제기 없이 인공지능의 발전이 이루어지는 상황은 매우 위험하다는 점에 공감했습니다. 아마도 이 책을 읽은 독자들은 다양한 두뇌 강화 제품들을 판매하는 것으로 저자가 설정한 가상의 '마인드 디자인 센터'를 방문할 경우, 보다 현명한 구매 판단을 내릴 수 있을 것으로 생각합니다.

끝으로 원고의 가독성 수준을 높이는 데 도움을 준 한국외국어대학교 통번역대학원의 문서연 씨에게 감사의 마음을 표합니다. 그리고 멋진 책으로 만들어준 한울엠플러스(주)의 배소영 씨에게도 감사의 말을 전합니다.

이해윤·김성묵

# 지은이

### 수잔 슈나이더 (Susan Schneider)

철학자이자 인공지능 전문가이다. 플로리다 아틀란틱 대학교의 '미래 마음 센터(Center for the Future Mind)'의 창립 소장이자 디트리히 우수교수로 철학과 신경과학을 가르치고 있다. 또한 미국 의회 도서관과 NASA의 바루크 블럼버그 천문학, 탐사 및 기술 혁신 부문 의장을 맡고 있다. 저서로는 *The Language of Thought: a New Philosophical Direction*(2011), *Science Fiction and Philosophy*(2009), *The Blackwell Companion to Consciousness*(2006) 등이 있다.

# 옮긴이

## 이해윤

서울대학교 독어독문학과에서 학사와 석사 과정을 마치고, 독일 뮌헨 대학교 이론언어학과에서 박사 학위를 취득했다. 2004년 이래로 한국외국어대학교 언어인지과학과 교수로 재직 중이다. 주 관심 분야는 의미화용론, 법언어학 등이며, 이와 관련해 다수의 논문이 있다. 저역서로는 『법언어학의 이해』(2023), 『지식망』(2018, 공저), 『화용론』(2009), 『언어정보처리를 위한 PROLOG』(2008, 공저) 등이 있다.

## 김성묵

서울대학교 독어독문학과에서 학사 학위를, 서울대학교 대학원에서 전산언어학 분야로 석사와 박사 학위를 취득했다. 1989년부터 한국 IBM 소프트웨어 연구소(KSDI), 2008년부터 SK텔레콤 AI테크랩 연구원으로 재직했으며, 인간언어기술(Human Language Technology) 연구를 통해 상용기계번역시스템 개발, 음성인식과 언어이해 기반 인공지능스피커 개발 등에 참여했다. 2015년 이래 인공지능용 언어지식(Linguistic Knowledge) 전문업체인 LK베이스 대표를 맡고 있으며, 현재 성균관대학교에서 비전임교수로 전산언어학을 강의하고 있다.

한울아카데미 2517
한국외대 디지털인문한국학연구소 연구총서 10

# 인공 인간

## 인공지능 그리고 마음의 미래

지은이 | 수잔 슈나이더
옮긴이 | 이해윤·김성묵
펴낸이 | 김종수
펴낸곳 | 한울엠플러스(주)
편집 | 배소영

초판 1쇄 인쇄 | 2024년 5월 23일
초판 1쇄 발행 | 2024년 5월 30일

주소 | 10881 경기도 파주시 광인사길 153 한울시소빌딩 3층
전화 | 031-955-0655
팩스 | 031-955-0656
홈페이지 | www.hanulmplus.kr
등록번호 | 제406-2015-000143호

Printed in Korea.
ISBN 978-89-460-7517-7 93500 (양장)
978-89-460-8309-7 93500 (무선)

※ 책값은 겉표지에 표시되어 있습니다.

## 로봇 법규

### 인공지능 규제

- 제이콥 터너 지음 | 전주범 옮김
- 2023년 11월 7일 발행 | 신국판 | 472면

**인공지능이 일으킨 피해와 혜택은 누구의 책임인가?**
**인공지능은 권리를 가져야 하는가?**
**인공지능의 윤리적 규범은 어떻게 설정되고 실행되어야 하는가?**

인공지능을 어떻게 통제하고 인간 사회에 적응시킬 것인가. 인공지능은 이전까지 인류가 창조했던 모든 기술과 다르다. 인공지능의 선택과 결정이 설계자가 계획하거나 예상했던 방식이 아니라 독자적인 행위일 수도 있기 때문이다. 인공지능은 큰 혜택을 가져다줄 수 있다. 하지만 인공지능을 규제하기 위해 인류는 빨리 행동해야 한다.

인공지능은 인류의 경제, 사회 그리고 삶에 더더욱 통합되고 있다. 인공지능 통제 규정이 마련되지 않는다면 국가별, 지역별, NGO별 그리고 사기업별로 각각 고유의 표준을 만들 것이다. 결국 인공지능은 통제되지 않고 무계획적으로 발전할 것이다.

## 인공지능 시대의 인간학
인공지능과 인간의 공존

• 이중원 엮음 | 이중원·목광수·이영의·이상욱·박충식·천현득·고인석·신상규·정재현 지음
• 2021년 12월 23일 발행 | 신국판 | 336면

**인간의 창조물, 인공지능과의 동행을 위한 철학적 성찰**
**9인의 연구자가 포스트휴먼 관점에서 새롭게 규명한 인공지능과 인간의 공존**

인공지능의 인간화 경향이 강해지는 포스트휴먼 시대에 인간과 인공지능의 경계는 무엇인가, 인공지능(로봇)을 포함한 모든 것들이 인간과 네트워크로 복잡하게 얽혀 있는 초연결 사회에서 인간의 생활세계는 어떻게 달라지는가, 인공지능(로봇)이 하나의 사회적 행위자로 인간과 공존하는 포스트휴먼 사회에서 인간으로 살아가는 것 혹은 인간답게 사는 것은 무엇을 의미하는가, 인공지능(로봇)과의 공존을 위해 인간은 무엇을 할 것인가.
이 책에서 다루려는 인간학은 (인간은 아니지만) 인간처럼 생각하고 행동하는 지능을 갖춘 자율적인 인공지능(로봇)이 인간과 더불어 주체로 부상하는 포스트휴먼 시대에, 인간다운 삶의 본질과 가치의 문제를 다시금 성찰하는 더 넓은 지평 위의 인간학이다.